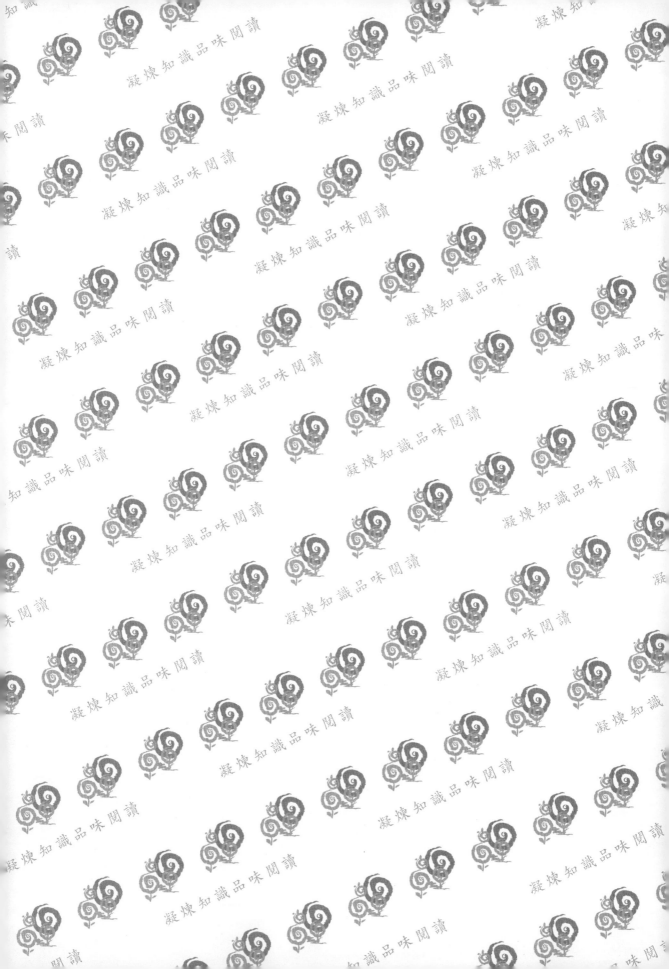

茶園
病蟲草害 IPM
整合管理

行政院農業委員會茶業改良場／編著

五南圖書出版公司 印行

序 |

　　臺灣地處熱帶及亞熱帶，因著氣候溫暖潮溼，作物栽培中伴隨經常性發生之病蟲草害問題。根據行政院農業委員會動植物防疫檢疫局之資料顯示，108 年國內農藥有效成分年用量為 8,983 公噸，顯示病蟲草害仍為限制農作物生產之重要影響因子。為保護國內農業生產及糧食與農產品安全，行政院農業委員會於 106 年 9 月宣示化學農藥減半政策目標，行政院農業委員會茶業改良場（以下簡稱本場）為配合政策執行及實施推動茶園病蟲草害整合性管理（Integrated Pest Management, IPM），擬定茶樹病蟲草害整合管理施行指引，提供茶農田間操作管理之參考，並達到精準與合理用藥管理之標準，進而達到化學農藥減量使用之目標。

　　查自民國 93 年本場研究同仁出版《茶樹保護》後，已逾 15 年以上無更新出版茶樹病蟲草害圖說相關書籍，本場更新茶樹病蟲草害相關資訊與圖片，並新增近年來新發現之茶樹病蟲害資料，提供茶農田間管理時能正確診斷問題，並選擇有效適當防治策略，以減少受病蟲草害造成之損失與化學農藥之使用，及降低生產成本與對環境的衝擊，更達到提升茶葉產品品質之多重目標。

　　本書兼具參考與實際應用價值，期待對茶產業發展最有效、精準的生產指引。

行政院農業委員會茶業改良場　場長

蘇宗振 謹識

中華民國 110 年 5 月

目錄 | CONTENTS

05 茶樹病害化學防治   47

06 茶樹害蟲、害蟎介紹   53

01

何謂病蟲草害整合管理（IPM）

林秀榮 / 茶業改良場

　　有害生物整合管理（Integrated Pest Management, IPM），或稱病蟲草害整（綜）合管理、害物整合管理，指針對所有不利於作物生長的生物，包括病害、蟲害、草害及其他有害生物，整合各種防治方法，擬定一個合適的防治管理策略。本書為針對茶樹病蟲害及茶園雜草進行個別解說與整合防治原則介紹。

　　害物整合管理主要包括 3 項基本原則：1. 將害物族群維持於經濟危害之下，而非徹底滅除；2. 降低害物族群時，應以非化學製劑的防治方法為優先，化學藥劑為最後防治手段；3. 當使用化學藥劑時，宜選擇對生物、人類及環境影響最低的藥劑。因此，「整合管理」的定義可解釋為在農業經營系統下，利用多元化防治方法控制害物族群，降低其經濟危害至可接受標準下，意即維持生態平衡的狀態，而非「趕盡殺絕」，進而降低作物損失，並配合正確使用農藥，生產高品質作物，兼顧有益生物、人類及環境的作物管理方法。

　　病蟲草害整合管理策略應掌握下列原則：1. 可實際執行（practical）且簡單易行；2. 施行之最有效時機極易掌握；3. 符合經濟（economical）原則，實際施行時所須耗費之人力及時間，須不超出栽培管理所能容許之最高限；4. 切合實際（realistic），具彈性但可確實執行；及 5. 可貫徹完成者（achievable）。

參考文獻

　　楊秀珠。2007。作物整合管理在農業經營上之應用。茶樹整合管理。p.1-6。臺中市。行政院農業委員會農業藥物毒物試驗所。

02

茶樹病蟲草害整合管理（IPM）施行指引

林秀櫻 / 茶業改良場

IPM 施行概念與方法

　　IPM 主要分爲三大階段，包括預防、監測及防治。預防階段爲營造良好之茶園耕作環境，以不利病蟲草害的發生；監測階段爲監測茶園有害生物發生種類與發生時機，並決定開始進行防治之時機決定；防治階段爲依據發生之不同有害生物種類進行防治策略之選擇與投入。

營造病蟲草害不合適發生之環境
1. 耕作措施
   （整地、排水等）
2. 選擇抗性品種
3. 種植健康種苗
4. 移除攜帶病蟲源之植物體
5. 原生天敵之應用
6. 性費洛蒙之應用

是否需要防治及防治時機決定
1. 害物生態及環境資訊活用
2. 茶園現況觀察

多樣性防治策略
1. 栽培防治
2. 生物防治
3. 物理防治
4. 化學防治

　　以下爲茶園病蟲害整合性管理施行指引內容：

分類		管理項目	管理重點
預防	良好耕作環境營造	具備病蟲草害基礎知識	茶園主要發生病蟲草害種類及其好發環境。
		選擇適當的品種	更新或新植時使用健康種苗、選植對病蟲害較具耐受性品種，選擇地區特色茶適作品種，建議低海拔茶園避免種植青心烏龍（其他品種抗性請參考註[1]）。
		改善田區周邊環境	減少茶園周圍雜草及樹木生長，以減少盲椿象類及象鼻蟲等蟲源。
			茶赤葉枯病、餅病、髮狀病及藻斑病等好發之茶園，應避免遮陰及增加茶園通風。
			設置灌溉系統以降低久旱不雨時茶枝枯病及白蟻等病蟲害發生，及夏秋薊馬與害蟎類的發生。
		雜草管理	茶行間設置抑草蓆、株間使用花生殼或稻稈等資材敷蓋，或種植植被植物等覆蓋措施，以減少雜草發生。
監測	是否需要防除及防除時機之判斷	確認病蟲害預報	確認主管機關發布之病蟲害預報。
			觀察自家茶園以掌握病蟲害發生的動向（病蟲害防治曆）。（必）[2]
		觀察病蟲害及天敵	於田間使用放大鏡或黃色黏紙等，觀察病蟲害及天敵。
		觀察雜草	掌握田區內及周圍雜草相。
		茶赤葉枯病	考慮品種的抗性，並於日均溫在 20-25°C 及環境高溼或雨季時，進行適當的防除。
		茶餅病	考慮品種的抗性及好發地區春秋季節的降雨狀況，於發生初期進行防除。
		茶捲、茶姬捲葉蛾	於田區附近設置費洛蒙黏蟲盒誘殺雄成蟲。
		茶捲葉蛾類[3]	於田區附近設置捕蛾燈陷阱誘捕成蟲，把握新芽生育期的發生狀況，於發生初期進行防除。
		茶小綠葉蟬、薊馬類、茶角盲椿象	把握新芽生育期的發生狀況，於發生初期進行防除。
		葉蟎類	考慮品種的抗性，好發地區注意氣溫升高與降雨少時，於大量發生前防治。
防治	耕作防治	土壤及施肥管理	定期進行土壤肥力檢測。
			依據茶園肥力進行肥料施用調整。
		整枝修剪	冬季進行整枝修剪，增加茶樹通風以降低病蟲害發生，及回復茶樹生長勢。
		農機具清潔與保養	收穫及整枝刀具需經常清潔與保養，以降低因刀具磨損，在採收或修剪時不整齊傷口產生，而使病原更容易侵入，及清潔器具上可能殘留之病蟲源，以減少人為傳播病原的可能。
		雜草管理	全園草生栽培或行間使用機械除草、敷蓋物或使用對環境友善之除草資材，降低對環境的影響。

分類		管理項目	管理重點
防治	物理防治	使用礦物油	害蟎類及介殼蟲等害蟲可使用礦物油防治，唯注意夏季等氣溫高時期，需選取精煉礦物油，並遵照使用方法以避免藥害產生。
	生物防治	使用生物農藥	針對鱗翅目幼蟲使用蘇力菌進行防治。
			針對茶赤葉枯病使用枯草桿菌等進行防治。
			使用其他生物防治資材、免登記植物保護資材等，進行病蟲草害管理。
		原生天敵的保護及利用（必）	選用對原生天敵影響較小的殺蟲劑（參考附表）。
	化學防治	噴藥器具清潔	於噴藥前及噴藥後充分清潔噴藥工具，以降低不同批次施藥之交叉汙染。
		精準用藥（必）	正確診斷，包括確認害物種類、確認發生生態等。
			單位面積施藥水量：1-1.2 噸水／公頃（平地茶園）；1.6-1.8 噸水／公頃（斜坡茶園）。
			配合藥劑公告使用方法（稀釋倍數、安全採收期）及最佳施藥技術。
		藥劑輪用（必）	為避免田間病蟲害的抗藥性產生，避免長期使用同一種有效成分，或相同作用機制之藥劑。
		避免藥劑飄散	噴藥時應防止藥劑飄散，選擇清晨或傍晚無風或微風時進行，依據當下風向調整施作之前進方向。
		施藥之安全防措施	依據施用藥劑毒性穿臉部防護具（眼、鼻、口）、橡膠鞋、手套、全套衣、圍裙、手袖等。
		剩餘藥劑	精準配製藥液以減少剩餘藥劑，剩餘藥劑避免直接排入河川等水源。
		與前一年度化學藥劑減少使用率	與前一年度化學藥劑減少使用比較。
其他	一般事項	田間工作紀錄	記錄每項作業日期、病蟲草害發生狀況及防治操作等紀錄。
		收產管理資訊收集	參加相關講習訓練活動，以更新生產管理知識並提升管理效能。

註 1　茶樹品種對病蟲害抗性一覽。

茶樹品種	抗病蟲害特性	特別注意病蟲害	適製茶類
青心烏龍	弱	枝枯病、茶赤葉枯病等病害、盲椿象類	部分發酵茶類
四季春	強	茶小綠葉蟬、葉蟎類	部分發酵茶類
青心大冇	強	茶小綠葉蟬、薊馬類、茶餅病	適製性廣，以製作東方美人茶品質最佳
青心柑仔	弱	葉蟎類	綠茶（碧螺春、龍井）、蜜香紅茶
鐵觀音	中	盲椿象類、捲葉蛾類	鐵觀音茶
臺茶 1 號	強	葉蟎類	紅茶
臺茶 8 號	強	茶餅病	紅茶
臺茶 12 號	強	茶輪紋葉枯病	部分發酵茶類
臺茶 13 號	中	蚜蟲、茶餅病	部分發酵茶類
臺茶 17 號	強	薊馬類	東方美人茶、綠茶、紅茶
臺茶 18 號	強	盲椿象類	紅茶
臺茶 19 號	強	茶輪紋葉枯病	部分發酵茶類
臺茶 20 號	中	茶赤葉枯病、盲椿象類	部分發酵茶類
臺茶 21 號	強	葉蟎類	紅茶
臺茶 22 號	強	茶輪紋葉枯病	部分發酵茶類
臺茶 23 號	強	葉蟎類	紅茶
臺茶 24 號	強	葉蟎類、盲椿象類	紅茶、綠茶

資料來源 1：特別注意病蟲害參考茶業改良場育種人員及茶農經驗。
資料來源 2：最佳適製茶類參考胡智益、邱垂豐。2021。茶作學。第陸章、臺灣主要茶樹品種（待出版）。

註 2　（必）：必須執行。
註 3　茶捲葉蛾類：包括茶捲葉蛾、茶姬捲葉蛾、茶細蛾、黑姬捲葉蛾。
註 4　盲椿象類包括茶角盲椿象及奎寧角盲椿象。
註 5　本施行指引參考日本農林水產省（IPM実践指標モデル（茶）について）、靜岡縣（IPM実践指標モデル（茶））、鹿兒島縣（IPM実践指標（茶））等實踐指引製作。

附表　對茶園原生天敵影響較小之農藥種類

害蟲種類	藥劑名稱	較無影響的原生天敵
茶小綠葉蟬	氟尼胺	捕植蟎類、瓢蟲類、捕食性薊馬類、捕食性椿象類（小黑花椿象等）、蜘蛛類。
粉蝨類	布芬淨	蜘蛛類。
葉蟎類	賽派芬	捕植蟎類、瓢蟲類、捕食性椿象類（小黑花椿象等）、捕食性薊馬、寄生蜂。
	賜滅芬	
	賽芬蟎	
	賜滅芬	捕植蟎類、瓢蟲類、捕食性椿象類（小黑花椿象等）、捕食性薊馬、寄生蜂。
鱗翅目害蟲	克福隆	寄生蜂、蠼螋類、捕食性椿象類、蜘蛛類。
	賽安勃	
	氟芬隆	

註　本表參考日本鹿兒島縣 IPM 實踐指標 (茶) 修正

03

茶園病蟲害發生曆

林秀欒 / 茶業改良場

　　茶樹是多年生常綠作物，提供病蟲食物和居所，加上臺灣位於亞熱帶及熱帶地區，氣候條件很適合病蟲害發生，也因此病蟲害在茶園終年都可以發現，病蟲害的防治成為茶園管理的重要一環。根據文獻記載，臺灣發生的茶樹病蟲害種類，在蟲害方面有昆蟲綱 8 目 47 科 173 種及蜘蛛綱蟎蜱亞綱 4 科 6 種，合計 179 種；在病害方面包括真菌 40 種，線蟲 4 種及細菌性病害 1 種，合計 45 種，不過較為常見的病蟲害約有 20-30 種。

　　本章節針對茶園常見的 20 種蟲害、4 種病害及 1 種生理不適應症，其主要發生的時期製成茶園病蟲害發生曆，但由於氣候條件、地理環境、茶園管理方法及種植品種等的不同，不同茶園的病蟲害發生情形也不盡相同，建議茶園經營者可以參考本作業曆，建立自家茶園的病蟲害發生曆，作為茶園病蟲害防治管理之依據。

　　病蟲害發生曆之製作：當病蟲害初期發生在茶樹上，即在該月份做標記，直到病蟲害之發生明顯下降或消失，則標記停在該月份。如茶小綠葉蟬自每年 2 月份開始發生，族群量至 10 月份才顯著下降，發生曆則會標記茶小綠葉蟬之發生時期為 2 至 10 月。

	一月	二月	三月	四月	五月	六月	七月	八月	九月	十月	十一月	十二月
茶小綠葉蟬		■	■	■	■	■	■	■	■	■	■	
茶角盲椿象				■	■	■	■	■	■			
粉蝨類	■	■	■	■	■	■	■	■	■	■	■	■
蚜蟲			■	■	■				■			
薊馬					■	■	■	■	■	■		
葉蟎類	■	■	■	■	■	■	■	■	■	■	■	■
潛葉蠅	■	■	■	■	■	■	■	■	■	■	■	■
茶蠶		■	■	■	■	■	■	■	■			
茶捲葉蛾	■	■	■	■	■	■	■	■	■	■	■	■
茶姬捲葉蛾			■	■	■	■	■	■	■	■		
黑姬捲葉蛾							■	■	■			
茶細蛾			■	■	■	■	■	■	■			
黑點刺蛾							■	■				
茶毒蛾						■	■	■				
避債蛾類							■	■	■	■	■	
尺蠖蛾				■	■	■	■	■	■	■		
木蠹蛾							■	■				
介殼蟲	■	■	■	■	■	■	■	■	■	■	■	■
蟎蜱							■	■	■			
棕長頸捲葉象鼻蟲					■	■	■	■				
茶赤葉枯病	■	■	■	■	■	■	■	■	■	■	■	■
茶褐色圓星病	■	■	■	■	■	■	■	■	■	■	■	■
茶餅病	■	■	■	■					■	■	■	■
茶枝枯病							■	■	■			
日燒症						■	■	■	■			

註：茶園病蟲害發生種類與時期不完全相同，本圖僅供參考，建議以本圖為範例建立自家茶園病蟲害防治曆。

04

茶樹病害介紹

茶業改良場

一、茶赤葉枯病

學名： *Colletotrichum camelliae*

英名： Brown blight

俗名： 黑黴、炭疽病

病徵

　　葉片與幼嫩枝條被害，葉片上的病徵初期為黃綠色小點，擴大後顏色加深呈赤褐色，上有灰黑色小點，老病斑則為灰色；嫩葉上的病斑呈褐色小斑點；在嫩芽上的病斑為褐色後期轉為黑褐色；在嫩枝條上，枝條變成黑色，容易折斷，大面積受危害則會造成茶菁減產。

　　茶赤葉枯病病斑圓形至不規則形，病斑外圍赤褐色至紫褐色，病斑中心呈灰白色，有時會呈同心輪紋狀，感染後期病斑上出現黑色子囊殼，感染嚴重容易造成落葉。

發生生態

　　本病以分生孢子為主要傳染源，隨雨露與灌溉水之飛濺傳播，風雨可擴大其傳播距離，主要感染嫩芽葉，亦會由傷口進入植物體；品種間抗病性之差異大，不同植株之生長狀況亦可影響其發病的程度。本病原菌具潛伏感染特性，外表健康的葉片往往可分離到本菌，即病原菌潛伏在外表健康的葉片中，在適當的環境下及寄主老化或衰弱時可表現病徵，故本病多發生在颱風過後的茶園，或受害蟲危害之葉片。本病病原菌最適生長溫度為 20-30℃，尤其在高溼環境下會促使發病。

　　茶赤葉枯病菌之孢子有時也會在輪斑病病斑的邊緣被發現，輪斑病在日本發生非常嚴重，研究發現茶赤葉枯病菌可以抑制輪斑病病斑的進展與擴大，兩病原菌間具有拮抗關係；在臺灣亦有相同情形。

防治方法

1. 改善茶園環境，增加日照及通風以降低茶園溼度，使成為不適發病之環境。
2. 機械採收茶園（容易有大量傷口）及苗圃（高溼環境）應特別注意防患本病之發生。

3. 扦插前母樹先噴施殺菌劑，可防止茶苗發生赤葉枯病。

4. 化學防治：依據田間茶芽生長狀況，參考使用公告核准使用之防治藥劑（第五章）。

⑴ 農藥資訊服務網／登記管理／病蟲害防治／作物分類名稱：茶類／山茶科茶類／茶 茶葉；病蟲分類名稱／茶赤葉枯病。

⑵ 植物保護資訊系統。

參考文獻

曾方明。2004。植物保護圖鑑系列 4- 茶樹保護。p.91-93。行政院農業委員會動植物防疫檢疫局。

蕭素女。1998。茶園常見病蟲害防治手冊。p.7-9。行政院農業委員會茶業改良場。

茶赤葉枯病於成熟葉片造成之不規則病徵。

茶赤葉枯病感染嫩葉產生褐色至黑色病斑。

茶赤葉枯病感染嫩莖產生黑色病徵。

茶赤葉枯病感染嫩莖後期造成茶芽枯。

二、茶輪斑病

學名： *Pseudopestalotiopsis chinensis*、*Pseudopestalotiopsis camelliae-sinensis*、*Pseudopestalotiopsis theae*、*Pestalotiopsis camelliae*、*Pestalotiopsis yanglingensis*、*Pestalotiopsis trachicarpicola*

英名： Grey blight

病徵

主要危害成熟葉和老葉，點狀褐色至灰白色病斑自葉尖或葉緣開始擴張，大部分病斑呈現明顯的輪狀，感染後期灰色病斑擴大呈塊狀，病斑外緣淡綠至褐色呈波浪狀，該病原菌之子囊（黑色點狀）自病斑中心開始產生，呈同心圓點狀分布，但也有僅產生灰白色病斑而無子囊產生之情形。本病亦可感染嫩梢，導致枝枯葉落，扦插苗則會整株死亡。

發生生態

本病以分生孢子為其主要傳染源，隨雨露與灌溉水之飛濺傳播，可經由自然開口（如氣孔）及傷口進入植物體，在臺灣同一葉片上亦可同時發現茶赤葉枯病及茶輪斑病的病斑。高溫高溼有利於此病發生，一般在夏、秋發生較嚴重。排水不良，扦插苗圃或密植茶園容易發病。

防治方法

1. 機械採收茶園（容易有大量傷口）及苗圃（高溼環境）應特別注意防患本病之發生。
2. 扦插前母樹先噴施殺菌劑，可防止茶苗受本病感染。
3. 化學防治：依據田間茶芽生長狀況，參考使用公告核准使用於茶赤葉枯病之防治藥劑。

參考文獻

唐美君、肖強。2018。茶樹病蟲及天敵圖譜。p.6-7。中國農業出版社。

Ichen Tsai, Chia-Lin Chung, Shiou Ruei Lin, Ting-Hsuan Hung, Tang-Long Shen, Chih-Yi Hu, Wael N. Hozzein & Hiran A. Ariyawansa, 2020. Cryptic Diversity, Molecular Systematics and Pathogenicity of *Pestalotiopsis* and Allied Genera Causing Grey Blight Disease of Tea in Taiwan, with Description of a New Species of *Pseudopestalotiopsis*. Plant Disease.

輪斑病病斑。

輪斑病自中心開始產生子囊。

三、茶餅病

學名： *Exobasidium vexans*

英名： Blister blight

病徵

本病主要危害嫩芽及嫩葉，有時也感染嫩梢，病害發生初期葉片上形成小點狀病斑呈淡綠、淡黃或淡紅色透明，直徑為 0.25-0.5 公釐，逐漸擴大為達 3.3 公分的圓形病斑，成熟的病斑背面可形成白色子實層，白色粉狀物即為其傳染源擔孢子。

發生生態

本病的發生受環境影響很大，適合發病環境為冷涼、多霧、無太陽的季節。多發生於冬季與初春多雨的地區，而各地發生時期不同，中部以北地區多發生在 3-5 月；魚池地區發生於 7-10 月，宜蘭、臺東等地每年冬天至次年春天發生。本病傳染源擔孢子，擔孢子發芽最適溫度為 25℃，超過 30℃時，擔孢子發芽受抑制，35℃以上擔孢子會死亡。

防治方法

1. 本病之傳染源為擔孢子（白色粉狀物），可緊密的附著在物體的表面，因此在病區採茶之工人或剪枝之器械，嚴禁再去採、剪健康茶園之茶樹，且避免發病盛期剪枝。

2. 增加通風及避免遮陰。

3. 化學防治：依據田間茶芽生長狀況，參考使用公告核准使用之防治藥劑（第五章）。

   (1) 農藥資訊服務網／登記管理／病蟲害防治／作物分類名稱：茶類／山茶科茶類／茶 茶葉；病蟲分類名稱／茶餅病。

   (2) 植物保護資訊系統。

參考文獻

曾方明。2004。植物保護圖鑑系列 4- 茶樹保護。p.100-102。行政院農業委員會動植物防疫檢疫局。

蕭素女。1998。茶園常見病蟲害防治手冊。p.5-6。行政院農業委員會茶業改良場。

茶餅病感染茶嫩葉正面呈凹陷狀。

茶餅病感染茶嫩葉背面，病斑形成白色子實層。

茶餅病感染茶嫩莖呈淡黃色且些微增厚。

茶餅病後期病斑呈黑色焦枯。

四、茶網餅病

學名： *Exobasidium reticulatum*

病徵

　　茶網餅病初期病斑為黃綠色小點約 0.2-0.3 公分，對光照時可見透明小點，慢慢擴大後病斑上有不明顯淺綠色網紋，此時尚未形成白色子實層，淺綠色網紋繼續擴大，其上亦開始有稀疏的白色粉狀物此即是子實層，子實層越長越密，肉眼可見一層白色網狀物，沿葉脈生長成網紋狀，病斑進展緩慢。病害後期，氣溫逐漸升高後，罹病葉片枯黃，最後焦黑的掛在樹枝上；罹病枝條不萌芽或萌芽率降低，致使春茶產量下降。

發生生態

　　本病發生生態與茶餅病很類似，臺灣有網餅病發生之茶園，大都能發現茶餅病，網餅病雖然在老葉發現，實際上在幼葉期已受侵染，潛伏期約為 30 天，且經 60-70 天後才會出現網狀病斑。

防治方法

　　參考茶餅病防治方法。

參考文獻

　　曾方明。2004。植物保護圖鑑系列 4- 茶樹保護。p.103-104。行政院農業委員會動植物防疫檢疫局。

　　蕭素女。1998。茶園常見病蟲害防治手冊。p.7。行政院農業委員會茶業改良場。

茶網餅病感染之葉片正面。

茶網餅病感染之葉片背面。

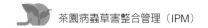

五、茶褐色圓星病

學名： *Pseudocercospora ocellata*

英名： Brown round spot

病徵

　　茶褐色圓星病在葉片上形成二型的病斑，一為褐色圓斑，即葉片上形成褐色小點，漸漸擴大為圓形或不規則形之斑點，此型病斑可產生大量的分生孢子。另一為綠斑型，病斑呈彌漫性墨綠色小斑點，均勻分布於葉背，主要發生在老葉及幼葉，在葉背初期為針狀，顏色呈淡綠色，將病葉對光看時，病斑上的顏色較淡，可擴大到 2-3 公釐大小，罹病組織的細胞較正常細胞為腫大，病斑隨著葉片的老化漸漸聚在一起，顏色變深，漸漸凸起，當年生枝條經過半年，不同葉齡的葉片發病率差異甚大，下位葉之發病情形較上位葉（靠近生長點的葉片）嚴重。

發生生態

　　臺灣全年都會發生，秋、冬落葉最嚴重，大部分品種都會感染本病，品種間抗病性差異不大。生育不良衰弱的茶樹易得到本病，會造成嚴重的落葉，而影響到下一次茶葉的產量，本病以菌絲在組織上越冬，以分生孢子為傳染源，病原菌的最適生長溫度為 25℃，發病的氣候條件為潮溼、多雨，潛伏期約 20-30 日。

防治方法

1. 扦插茶苗時應選擇健康無病斑之母樹，培養健康種苗。
2. 注意茶園之田間衛生。
3. 化學防治：依據田間茶芽生長狀況，參考使用公告核准使用之防治藥劑 (第五章)。
   ⑴ 農藥資訊服務網 / 登記管理 / 病蟲害防治 / 作物分類名稱：茶類 / 山茶科茶類 / 茶 茶葉；病蟲分類名稱 / 茶褐色圓星病。
   ⑵ 植物保護資訊系統。

參考文獻

曾方明。2004。植物保護圖鑑系列 4- 茶樹保護。p.94-96。行政院農業委員會動植物防疫檢疫局。

蕭素女。1998。茶園常見病蟲害防治手冊。p.9-10。行政院農業委員會茶業改良場。

茶受褐色圓星病感染嚴重之葉片會呈內捲。

茶褐色圓星病病徵明顯地出現在成熟葉葉背。

下位葉發病較嚴重。

六、輪紋葉枯病

學名： *Haradamyces foliicola*

病徵

葉片病徵初其為圓形水浸狀褐色壞疽斑，感染部位的組織較軟溼，部分病斑可見同心輪紋，後期逐漸擴大成深褐色不規則乾癟病斑，病斑中央可見灰白色扁圓形繁殖體，嚴重時造成落葉及枝葉乾枯死亡。

發生生態

本病菌最適生長溫度為 15-25℃，好發於低溫多雨的季節。病原菌可於罹病組織上越冬，至合適環境再經由風雨傳播，成為初次感染源。

防治

1. 冬季修剪期，剪枝機若於發病茶園進行修剪工作後，需用 75% 酒精或漂白水稀釋液進行機具消毒後，始得於其他健康茶園進行剪枝，避免交互感染。
2. 化學防治：目前尚無核准登記使用藥劑，經本場初步藥劑試驗顯示，可利用得克利、甲基多保淨、快得寧及三得芬等藥劑進行防治。

參考文獻

寧方俞、呂柏寬、陳柏蓁、胡智益。2018。臺灣茶樹新紀錄病害 - 輪紋葉枯病。茶業專訊 105: 13-14。

| 輪紋葉枯病大面積發生（陳柏蓁攝）。

| 輪紋葉枯病危害葉片病徵（陳柏蓁攝）。

七、茶髮狀病

學名： *Marasmius crinisequi*

英名： Horse hair blight

病徵

受害枝條上會直接長出許多黑色絲狀物，其為本菌菌絲聚集成條索狀，稱為菌索，可直接由罹病枝上長出，菌索遇固體，在接觸點長出金黃色的菌絲褥，緊密的附著其上。黑色菌索多生長在茶叢中上部位的枝條上，受害嚴重的茶樹，明顯可見枝條或葉片乾枯死亡，其上幾乎為黑色菌索所纏繞。

發生生態

茶髮狀病是一種高溫、高溼型病害，在溼度大的茶園較容易發生。本菌除了可寄生於茶樹外，亦可利用茶樹之枯枝落葉進行腐生。主要的傳染源為菌索，菌索是由許多菌絲聚合而成的，菌索外層的菌絲含有黑色色素，對不良環境具有很高的耐受能力。室內藥劑試驗中，菌索以數種殺菌劑處理後，仍保有活力，顯示菌索對藥劑之耐受能力佳。機採茶菁若混入菌索時，將影響成茶的品質。菌絲的最適生長溫度為 24-28℃，最適生長 pH 4.8-5.8，致死溫度為 45℃時 5-10 分鐘，50℃時 5 分鐘以內菌絲即死亡，乾熱狀態下，處理 5 分鐘菌絲即死滅。

茶髮狀病菌除了可藉菌索傳播外，菌索在樹冠中、樹冠下在高溫時可產生橘色子實體，子實體會產生孢子，可藉風雨進行傳播，繼而感染茶樹。

防治方法

1. 田間衛生，去除菌索與剪除附著菌索之枝條，及罹病茶樹樹下之枯枝落葉等，並將其燒毀。

2. 增加通風，將茶樹罹病枝葉剪除，增加樹冠中通風與光照，可降低本病菌菌索密度。

3. 以火焰燒除法來清除茶叢間之菌索，火焰燒灼的時間以不傷及茶芽為主（進行第一次燒灼時，若能配合施行全園臺刈，效果更佳），但必須每半年進行一次。

4. 化學防治：目前尚無核准登記使用於防治本病藥劑，且經實驗室室內藥劑測試，幾乎無藥劑可有效抑制菌索之生長，建議以田間衛生（清源）爲主。

參考文獻

曾方明。2004。植物保護圖鑑系列 4- 茶樹保護。p.97-99。行政院農業委員會動植物防疫檢疫局。

蕭素女。1998。茶園常見病蟲害防治手冊。p.10-11。行政院農業委員會茶業改良場。

茶髮狀病感染嚴重後期茶樹枝葉稀疏。

茶髮狀病菌索纏繞茶樹枝條生長。

茶髮狀病菌索長出橘紅色子實體。

茶髮狀病於茶樹下之枯枝落葉上行腐生、產生子實體，成為下一次初次感染源。

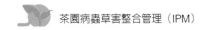

八、茶枝枯病

學名： *Macrophoma theicola*

英名： Die-back disease

俗名： 枯枝病

病徵

　　茶枝枯病主要危害茶樹的枝條，發病初期茶叢中受害枝條葉面失去光澤，逐漸轉為淡綠色，嫩梢下垂，嚴重失水，最後全枝葉片褐化乾枯，此時枯葉仍然留在枝條上，其他未受害的茶樹枝條仍然十分健旺。在田間的景象為整排翠綠茶行中有一撮撮枯死的枝葉；嚴重者病兆深入地基部，有一半以上枝葉枯死，甚至全株死亡。得病多年的老枝幹其感染部位的皮層部分死亡，其他健全的組織向感染處增生癒合組織，而形成中間凹陷或凹凸不平的潰瘍病徵。

發生生態

　　茶枝枯病的病原菌菌絲生長適溫為 25-35℃，是一嗜高溫菌類，在低溫狀態下停止活動。病菌在初夏時開始活動，盛夏為發病高峰期，入秋以後溫度逐漸下降，病害即漸趨緩和，冬天溫度低完全不顯現病徵。次年春天，由罹病枝條可再長出新枝條，待夏季溫度上升後，病原菌又開始活動，新枝條再次出現枝枯現象。茶樹一旦罹病，若不徹底清除，病菌一直存留於枝條中，枝枯病即周而復始的進行，使茶樹生長勢一年比一年衰弱。在茶園中常可發現矮化、衰弱、葉片稀疏變小，失去光澤的茶樹，是典型的枝枯病衰弱株。

防治方法

1. 發病輕微的茶園應徹底的剪除罹病枝條，剪枝後應同時噴藥，以防止病菌再入侵。
2. 發病嚴重的茶樹可進行臺刈，並逐一清除老枝條基部之病灶；枯死的茶樹應徹底挖除，並進行全面施藥及移出茶園。
3. 發病嚴重的地區種植抗病品種。

4. 夏季若遇乾旱應進行滴灌，發病之茶園在冬季茶樹休眠期，應再進行一次剪除病枝之工作。

5. 化學防治：依據田間茶芽生長狀況，參考使用公告核准使用之防治藥劑 (第五章)。

   ⑴ 農藥資訊服務網／登記管理／病蟲害防治／作物分類名稱：茶類／山茶科茶類／茶 茶葉；病蟲分類名稱／茶枝枯病。

   ⑵ 植物保護資訊系統。

參考文獻

曾方明。2004。植物保護圖鑑系列 4- 茶樹保護。p.87-90。行政院農業委員會動植物防疫檢疫局。

蕭素女。1998。茶園常見病蟲害防治手冊。p.1-4。行政院農業委員會茶業改良場。

茶樹枝枯病造成部分枝條萎凋。

茶樹枝枯病造成枝條潰瘍（不正常腫大）。

九、褐根病

學名： *Phellinus noxius*

病徵

　　在接近地際部主莖及根部的發病樹木往往有黃色至深褐色的菌絲面（mycelial mat）包圍其表面，在根部之菌絲面常與泥砂結合而不明顯，上述病徵是現場鑑定本病害的主要依據。其引起植物地上部全株初期黃化萎凋，最後枯死。從黃化到枯死只需 1-3 個月，屬於快速萎凋病。

　　本病之所以造成快速萎凋的主要原因是病原菌直接危害樹皮的輸導組織，導致水分及養分之輸送遭受阻礙而死亡。本病原菌除危害樹皮外，也可造成木材白色腐朽。受感染之內側木材組織具不規則黃褐色網紋，在腐朽木材與健康木材間常有黑褐色帶隔離，腐朽末期木材變輕、乾和海棉狀。

發生生態

　　常見褐根病自一發病中心輻射狀地向四周擴散，或是成排栽植的樹木因接連感染而死亡，此現象顯示褐根病的傳播係近距離一棵棵地蔓延。此外，褐根病菌可於土壤裡的病根殘骸中存活數年，菌株能保持生長活性直到木材完全腐朽殆盡。除了根部之間的接觸外，植株人為的搬運移植也是褐根病擴散原因。當罹病的樹木被移植到其他地方栽植，或是殘留罹病組織被打碎當作栽培介質肥料，這些帶菌的樹木和木塊便可成為新的感染來源，與周圍的健康植株接觸後，容易造成病害發生，加速了褐根病遠距離的傳播。褐根病亦可經由有性繁殖產生子實體，再由子實體產生之孢子藉由氣流進行長距離傳播。

防治方法

1. 掘溝阻斷法：在健康樹與病樹間溝深約 1 公尺，並以強力塑膠布阻隔後回填土壤，以阻止病根與健康根的接觸傳染。

2. 將受害植株的主根掘起並燒燬，無法完全掘出之受害細根，可施用尿素並最好覆蓋塑膠布 2 星期以上，尿素的用量約為每公頃 700-1,000 公斤。

3. 發病地區如不便將主根掘起且該地區具有灌溉系統，可進行 1 個月的浸水，以殺死存活於殘根的病原菌。

4. 化學防治：目前尚無核准登記使用於茶樹防治本病之藥劑。

▌ 典型褐根病病徵，木質部有類似蜂窩狀結構之褐色網紋及白色腐朽現象。

▌ 受害之茶樹根部黏著大量土壤。

十、白紋羽病

學名： *Rosellinia necatrix*

病徵

本病主要危害茶樹的根部及基部，若發生在茶苗，數周內即死亡。發生在成長多年之成木茶樹，受害植株根表面有白色棉絮狀的菌絲覆蓋在病組織表面，將罹病根表皮剝離，表皮下可發現放射羽毛狀的菌絲，最後可以遍及整個根部，發病多年的老根表面被覆一層灰色的菌絲片，仔細觀察其中有許多粗、細不等的灰黑色菌絲束，被害寄主植物會造成根部腐敗，樹皮很容易脫落，由於根部腐敗導致罹病植株的葉片黃化、褐變、枯萎、繼而落葉，最後全株萎凋死亡。若能將菌絲置於顯微鏡下觀察，可見到梨型的菌絲，將更能確定本病原菌。

發生生態

在臺灣 *R. necatrix* 多發生在中北部高冷地區，喜冷涼、潮溼的環境，臺灣平地茶園極少發生，只在少數高山茶園被發現。其傳播的方式是藉由病根與健根的接觸；田間病害發生的模式是以罹病株為中心，向外作輻射狀的擴散；在無寄主的狀態下，病原菌可附著在有機物上存活很久。

防治方法

1. 高山茶區新開墾的茶園，應將前作的根系完全清除，避免殘根成為病源。
2. 發病輕微的茶園，可利用掘溝阻斷法防止本病的擴散；並應徹底的清除殘留在地上或土中的殘根。
3. 土壤消毒方法請參考茶褐根病防治。
4. 化學防治：目前尚無核准登記使用於茶樹防治本病之藥劑。

參考文獻

曾方明。2004。植物保護圖鑑系列 4- 茶樹保護。p.105-107。行政院農業委員會動植物防疫檢疫局。

受感染部位之白紋羽病菌絲初為白色羽毛狀，而後轉為灰黑色（吳信郁攝）。

受白紋羽病感染之細根呈褐化且有白色菌絲盤據（吳信郁攝）。

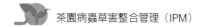

十一、藻斑病

學名： *Haradamyces foliicola*

英名： Algal leaf spot

病徵

主要發生於成熟老葉之正面，藻斑是由病原在葉片上生長所形成的柵狀細胞層組合而成，稱為葉狀體，近原形或不規則原形，葉狀體之顏色為明亮的黃色、橘色或紅色，由一中心點往外輻射生長，牢固的附著於葉面。

發生生態

本病主要發生在潮溼環境，及接近地面之成熟葉片上，若茶園環境終年高溼，本病斑亦會出現在樹冠面之較年輕葉片上。

防治

1. 增加茶樹通風及降低環境溼度。
2. 冬季清園管理時可用含銅之藥劑或資材進行防治。

參考文獻

曾方明。2004。植物保護圖鑑系列 4- 茶樹保護。p.108-111。行政院農業委員會動植物防疫檢疫局。

橘紅色藻斑圓形至不規則病斑。

藻斑病多出現在樹冠下層成熟葉。

受藻斑病感染嚴重之茶樹葉片。

高溼環境下藻斑病亦會出現在樹冠面上。

十二、線蟲

英名： Nematode

病徵

　　大部分線蟲多危害茶樹的根部，造成根系生長不良，使得地上部的植株矮化、葉片變小或黃化、花多等現象；而根瘤線蟲除了引起上述徵狀外，根系會長出根瘤，嚴重時使得茶樹根群褐變死亡。

發生生態

　　茶苗根瘤線蟲主要危害 1-2 年生茶苗，3 年生以上茶樹通常不發病。

防治（預防）方法

1. 扦插用的充填土壤應取自無線蟲汙染的壤土。
2. 使用無土栽培的穴植管茶苗，可以減少苗床及本田線蟲的危害。
3. 茶園更新時須將土壤耕犛曝晒並休耕 1 年以上。
4. 依筆者自較為衰弱茶樹之土壤中常可分離得根腐線蟲及矮化線蟲等，但由於尚未有明確科學依據指出致病之線蟲數量，故建議不應在未確認為線蟲造成之危害時，任意施用未核准登記使用於茶樹之藥劑進行線蟲防治。

參考文獻

　　唐美君、肖強。2018。茶樹病蟲及天敵圖譜。p.14。中國農業出版社。

　　曾方明。2004。植物保護圖鑑系列 4- 茶樹保護。p.108-111。行政院農業委員會動植物防疫檢疫局。

　　蕭素女。1998。茶園常見病蟲害防治手冊。p.12。行政院農業委員會茶業改良場。

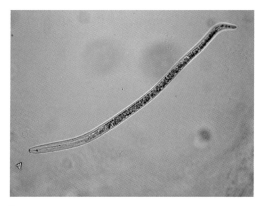

根腐線蟲。

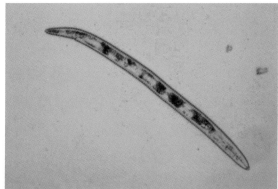

鞘線蟲。

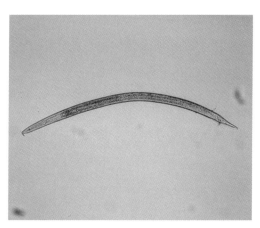

矮化線蟲。

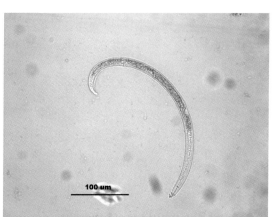

腎形線蟲。

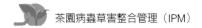

十三、日燒症

英名： Sun scald

病徵

日燒是植物組織被強烈陽光灼傷的一種現象，通常發生於茶樹成熟葉片，尤其當露水、雨滴或灌溉水停留在葉面上，經太陽照射後，使得細胞因高溫而壞死，多發生在茶園中的向陽處茶樹，葉片受害初期會在葉片上形成圓形或不規則形之大型的紅至褐色塊斑，發生後期病斑呈褐、灰白色，且會併發赤葉枯病等眞菌的二次感染，故在斑點上會出現黑色的斑點。

發生生態

此症狀主要發生在夏季等高溫季節，尤其在茶菁採收後，樹冠面裸露出大量成熟葉時，當茶樹成熟葉片在高溫及強烈日照環境下，由於角質層較厚、呼吸及蒸散作用較緩慢，造成熱量無法及時排除，植株的正常生理活動受到阻礙，葉綠素遭到破壞，失去活性，光合作用不能進行，細胞內蛋白質架構遭到破壞而凝聚變性。且高溫引起呼吸作用增大，使養分消耗量劇增，而得不到補償，致使葉片的組織出現灼傷以至枯死的症狀。

防治（預防）方法

1. 預防方法爲夏季時茶樹葉面應保持乾燥，不要殘留水珠，應避免在大熱天使用噴水設施進行灌溉。
2. 日燒病是一種非病原性的生理不適應症，不具傳染性也毋需噴藥。

▌ 日燒症發生初期病徵為紅色大塊不規則塊斑。

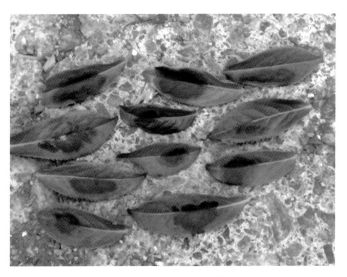

▌ 日燒症多發生在成熟葉之水滴聚集位置。

05

茶樹病害化學防治

林秀鎣 / 茶業改良場

茶園核准登記使用殺菌劑一覽表

安全採收期	農藥名稱（普通名）	作用機制（FRAC）[2]	稀釋倍數	茶餅病	赤葉枯病	枝枯病	注意事項
—[1]	5% 保粒黴素（丁）水分散性油懸劑	19	2,000		●		試驗時加展著劑「細展」3,000 倍。
-	枯草桿菌 Y1336	BM02	600		●		連續 4 次
6 天	30% 賽福座可濕性粉劑	3, G1	2,000	●			1. 使用時加展著劑「力道威」3,000 倍。 2. 罹病輕微時於剪（整）枝或採茶後噴施。 3. 水生物毒性高，禁用於水域、空中施藥或大面積施用。
6 天	33.5% 快得寧水懸劑	M1	1,000			●	
6 天	40% 快得寧水分散性粒劑	M1	1,200			●	
6 天	40% 快得寧可濕性粉劑	M1	1,200			●	
6 天	80% 快得寧可濕性粉劑	M1	2,500			●	
9 天	15% 易胺座可濕性粉劑	3, G1	2,000	●			1. 試驗時加展著劑「LATRON CS-7」4,000 倍。 2. 具中度眼刺激性；中度皮膚過敏性；對水生物中等毒，勿使用於「飲用水水源保護區」及「飲用水取水口一定距離內之地區」。 3. 使用後可能造成異味殘留。
12 天	39.5% 扶吉胺水懸劑	29, C5	2,000		●		1. 具呼吸中等毒及中度皮膚過敏性。 2. 對水生物劇毒，勿使用於「飲用水源保護區」及「飲用水取水口一定距離內之地區」。 3. 病害發生初期開始施藥，必要時隔 7 天施藥 1 次。
14 天	77.5% 嘉賜銅可濕性粉劑	24, D3+M1	1,000			●	剪枝或採茶後立即施藥。

（續）

安全採收期	農藥名稱（普通名）	作用機制（FRAC）[2]	稀釋倍數	茶餅病	赤葉枯病	枝枯病	注意事項
14天	81.3% 嘉賜腸銅可濕性粉劑	24, D3+M1	1,000			●	1. 剪枝或採茶後立即施藥。 2. 使用時加展著劑「力道威」3,000倍。
	43.7% 三氟敏水懸劑	11, C3	3,400		●		病害發生初期開始施藥。
	500 G/L 三氟敏水懸劑 (50% W/V)	11, C3	4,000		●		
	50% 三氟敏水分散性粒劑	11, C3	4,000		●		病害發生初期開始施藥。
	500 G/L 三氟派水懸劑 (50% W/V)	11, C3 + C2, 7	4,000		●		
	25% 三泰芬可濕性粉劑	3, G1	2,000	●			具呼吸中等毒。
15天	25.9% 得克利水基乳劑	3, G1	2,500		●	●	1. 發病嚴重時應先剪除枝葉叢燒毀後施藥。 2. 應將藥劑施到葉背及葉叢內。 3. 具口服及呼吸中等毒，嚴重眼刺激性。
	250 G/L 得克利水基乳劑 (25% W/V)	3, G1	2,500		●		
20天	22.7% 腈硫醌水懸劑	M9	500			●	1. 發病嚴重時應先剪除枝葉叢燒毀後施藥。 2. 應將藥劑順施到葉背及葉叢內。 3. 對水生物劇毒性，勿使用於「飲用水水源水質保護區」及「飲用水取水口一定距離內之區域」。
	42.2% 腈硫醌水懸劑	M9	1,000		●		
	70% 腈硫醌水分散性粒劑	M9	1,500			●	

（續）

安全採收期	農藥名稱（普通名）	作用機制（FRAC）²	稀釋倍數	茶餅病	亦葉枯病	枝枯病	注意事項
20 天	70% 腈硫醌水分散性粒劑	M9	2,000		●		1. 發病嚴重時應先剪除枝葉叢燒毀後施藥。 2. 應將藥劑噴施到葉背及葉叢內。 3. 對水生物劇毒性，勿使用於「飲用水水源水質保護區」及「飲用水取水口一定距離內之區域」。
	70% 腈硫醌可溼性粉劑	M9	1,500			●	
	23.6% 百克敏乳劑	11, C3	2,000	●	●		病害發生初期開始施藥，必要時隔 7 天施藥一次。
	16% 腈硫克敏水分散性粒劑	M9 + 11, C3	3,000		●		
	10% 待克利水分散性粒劑	3, G1	1,000		●		1. 發病嚴重時應先剪除枝葉叢燒毀後施藥。 2. 應將藥劑噴施到葉背及葉叢內。
	24.9% 待克利乳劑	3, G1	1,200		●		
	24.9% 待克利水懸劑	3, G1	3,000		●		
21 天	250 G/L 待克利乳劑（25% W/V）	3, G1	3,000		●		
	24.55% 貝芬四克利濃懸乳劑	1, B1 + 3, G1	2,500		●		
	10% 亞托敏水懸劑	11, C3	800		●		發病初期開始施藥，必要時隔 7 天施藥一次。
	23% 亞托敏水懸劑	11, C3	2,000		●		
	250 G/L 亞托敏水懸劑（25% W/V）	11, C3	2,000		●		
	50% 亞托敏水分散性粒劑	11, C3	4,000		●		

（續）

安全採收期	農藥名稱（普通名）	作用機制（FRAC）[2]	稀釋倍數	茶餅病	赤葉枯病	枝枯病	注意事項
	325 G/L 亞托待克利水懸劑（32.5% W/V）	11, C3 + 3, G1	3,000		●		發病初期開始施藥，必要時隔 7 天施藥一次。
	43% 嘉賜貝芬水懸劑	24, D3 + 1, B1	1,000		●		
	43% 嘉賜貝芬可溼性粉劑	24, D3 + 1, B1	1,000		●		1. 發病嚴重時應先剪除枝葉叢燒毀後施藥。 2. 應將藥劑噴施到葉背及葉叢內。
	50% 免賴得可溼性粉劑	1, B1	1,500		●		
	40% 甲基多保淨水懸劑	1, B1	500		●		
	70% 甲基多保淨可溼性粉劑	1, B1	1,000		●		
21 天	11.8% 護汰芬水懸劑	3, G1	2,000	●			病害發生初期開始施藥。
	10.7% 四克利乳劑	3, G1	2,000		●		具皮膚及呼吸中等毒性。
	11.6% 四克利水基乳劑	3, G1	2,000		●		
	40% 克熱淨（烷苯磺酸鹽）可溼性粉劑	M7	1,500		●		
	84.2% 三得芬乳劑（目前無此劑型含量之許可證）	5, G2	2,000	●			1. 罹病輕微時於剪（整）枝或採後噴施。 2. 使用時加展著劑「力道威」3,000 倍。 3. 具微弱眼刺激性。
			1,000			●	

◎ 資料來源：行政院農業委員會動植物防疫檢疫局農藥資訊服務網（https://pesticide.baphiq.gov.tw/web/），更新至 2021.03.24。

註 1 藥劑為衛生福利部所列得免訂定殘留容許量之農藥，故無安全採收期。

註 2 藥劑作用機制為殺菌劑抗藥性行動委員會（FRAC, Fungicide Resistance Action Committee）將殺菌劑依其活性成分及作用方式的不同，給予不同的代號。

06

茶樹害蟲、害蟎介紹

茶業改良場

一、茶小綠葉蟬

學名：　　*Jacobiasca formosana* Paoli

英名：　　Smaller green leaf-hopper

俗名：　　小綠葉蟬、烟仔、趙烟、跳仔

病徵

茶小綠葉蟬主要於成、若蟲期以其刺吸式口器吸食茶樹芽葉或幼嫩組織的汁液，芽葉或幼嫩組織受害後使其生長發育受阻。危害初期幼葉及嫩芽呈黃綠色，嚴重時茶芽捲縮不伸長，葉呈船型捲曲，葉緣褐變，終至脫落。

發生生態

室內飼養結果一年可發生 14 世代，產卵於幼枝梢組織、嫩葉葉柄及葉脈內，一隻雌蟲最多可以產卵 150 粒，平均 30 粒左右，從 16℃以上都適合產卵，田間以 5-7 月產卵量為多，卵期長短與氣溫有密切相關，平均日數為 11.4 日，隨著氣溫降低而延長，在 28℃時平均卵期 6.4 日，14℃時平均需要 22.1 日。若蟲孵化後即可危害茶樹，經 5 次蛻皮羽化為成蟲，若蟲期日數平均 13.1 日，但氣溫高低日數差距很大，在 28℃時平均 8.8 日，14℃時需 32 日；卵期及若蟲期雌雄蟲並無差別，但成蟲期雌蟲比雄蟲長，雄蟲平均 25.9 日，雌蟲 35.4 日，氣溫在 20℃以下，無論雌雄最長均能達 3 個月以上，它可取食老葉維持生命，繼續繁殖，在整年中都能出現各蟲期，無法分別其屬何世代。

防治方法

1. 定期清除田間雜草，改善通風狀況，可減輕茶芽被危害。
2. 乾旱時期灌溉茶園，適當施肥保持旺盛生機，增加抵抗受害能力。
3. 物理防治：黃色黏紙誘殺。
4. 化學防治：依據田間茶芽生長狀況，參考使用公告核准使用之防治藥劑（第七章）。
   ⑴ 農藥資訊服務網／登記管理／病蟲害防治／作物分類名稱：茶類／山茶科茶類／茶 茶葉；病蟲分類名稱／茶小綠葉蟬。
   ⑵ 植物保護資訊系統。

參考文獻

蕭建興。2004。植物保護圖鑑系列 4- 茶樹保護。p.11-13。行政院農業委員會動植物防疫檢疫局。

蕭素女。1998。茶園常見病蟲害防治手冊。p.13-15。行政院農業委員會茶業改良場。

茶小綠葉蟬成蟲刺吸茶嫩葉。

茶小綠葉蟬若蟲及嫩葉危害狀。

小綠葉蟬危害初期幼葉及嫩芽呈黃綠色。

茶小綠葉蟬危害嚴重時葉呈船型捲曲，葉緣褐變。

二、碧蛾蠟蟬

學名：　*Geisha distinctissima* Walker

英名：　Green flatid planthopper

俗名：　青蛾蠟蟬、藍翅蛾蠟蟬

- -

病徵

　　成、若蟲均以刺吸幼嫩莖、葉進行危害，若蟲孵化後先在嫩葉背面危害，之後再移至嫩莖固定吸食危害，同時會分泌白色蠟質覆蓋蟲體，外觀有如一堆白色棉絮狀物，若受到擾動則迅速彈跳逃走，另覓嫩莖固定吸食危害。

發生生態

　　體長 0.55-0.7 公分，全長 1-2 公分。全身體色呈綠色系。觸角短，體色呈青綠色或淡綠色。後翅多隱藏於前翅下，幾近透明；前翅上的翅脈（呈青綠色或黃綠色）呈不規則狀，近似葉脈，後緣有褐色斑點排列形成的條紋。若蟲體色呈白色，身上包裹著蠟絲。

　　一年發生 1 世代，成蟲將卵產於樹上（並會以卵的型態度過冬天），卵主要於春天孵化，並在夏季羽化為成蟲。

防治方法

1. 定期清除田間雜草，改善通風狀況，可減輕害蟲族群密度。
2. 物理防治：黃色黏紙誘殺。

參考文獻

　　唐美君、肖強。2018。茶樹病蟲及天敵圖譜。p.91。中國農業出版社。

▎ 碧蛾蠟蟬若蟲。

▎ 碧蛾蠟蟬成蟲。

三、茶角盲椿象

學名： *Helopeltis fasciaticollis* Poppius

英名： Tea mosquito bug

俗名： 茶蚊子

病徵

　　若蟲及成蟲均刺吸嫩葉、幼梢及小果之養分，輕者受害部位呈暗褐色斑點，危害嚴重時新葉褐變乾枯，被害芽停止生長呈乾枯，雌成蟲產卵在第 1、2 節之嫩莖上，若害蟲族群大量發生，則可能全園該季無茶菁收穫。

發生生態

　　一年發生 4-8 世代，成蟲及若蟲均喜好棲息在通風不良且陰涼之茶園，在一天中以早晨、傍晚活動較頻繁。在一年中除冬季溫度較低時以成蟲越冬外，其餘時間均會危害，尤以 4-5 月及 8-9 月危害較嚴重。

　　卵期 7-18 日，若蟲期夏季 8 日，10-11 月需 22 日；成蟲壽命約為 30 日，以成蟲越冬，越冬期 167 日。翌春 3、4 月產卵於幼梢之組織內，其上一長一短的白色毛則露出枝條表皮外，每一雌蟲平均產卵 136 粒。

防治方法

1. 蔭涼的茶園最容易發生危害，因此必須特別注意改善茶園的環境，如清除闊葉雜草，勿種植遮蔭樹等。
2. 茶角盲椿象雖然將卵產於幼嫩枝條節間之組織內，但有白毛露出，仔細觀察也很容易發現，應予以剪除，銷毀產卵枝條。受害嚴重茶園若不採收，亦需進行正常修剪，以移除受產卵嫩枝條並減少茶園害蟲族群量。
3. 於危害初期，可用人工捕殺若蟲及成蟲。
4. 化學防治：依據田間茶芽生長狀況，參考使用公告核准使用之防治藥劑（第七章）。
   (1) 農藥資訊服務網 / 登記管理 / 病蟲害防治 / 作物分類名稱：茶類 / 山茶科茶類 / 茶　茶葉；病蟲分類名稱 / 茶角盲椿象。
   (2) 植物保護資訊系統。

參考文獻

曾信光。2004。植物保護圖鑑系列 4- 茶樹保護。p.52-53。行政院農業委員會動植物防疫檢疫局。

蕭素女。1998。茶園常見病蟲害防治手冊。p.17-19。行政院農業委員會茶業改良場。

茶角盲椿象雄成蟲，體全黑。

茶角盲椿象雌成蟲，具有黃色背板。

茶角盲椿象若蟲及其危害症狀。

茶園受茶角盲椿象危害嚴重情形。

四、奎寧角盲椿象

學名： *Helopeltis cinchonae* Mann

英名： Tea mosquito bug

俗名： 角盲椿、茶蚊子

病徵

　　若蟲及成蟲均刺吸嫩葉、幼梢及小果之養分，輕者被發害部呈暗褐色斑點，危害嚴重時新葉褐變乾枯，被害芽停止生長呈乾枯，若害蟲族群大量發生則可能全園該季無茶菁收穫。

發生生態

　　一年發生 4-8 世代，以成蟲越冬，夏季時卵期為 11-13 日，若蟲期為 14-22 日；冬季時卵期平均為 21 日，若蟲期平均為 22 日，成蟲期平均為 60 日。成、若蟲均在茶園或附近陰涼處棲息或活動，吸食茶樹幼嫩芽、葉及莖的汁液，被害處形成黑褐色斑點。成蟲產卵在幼嫩枝條第 2、3 節間組織內，卵一端的兩側具有等長的白毛一對，露出枝條表皮外，一隻雌蟲平均可產 77 粒卵。危害嚴重時茶芽生長受阻，嫩葉外觀不良，甚至落葉。

防治方法

　　參考茶角盲椿象防治方法。

參考文獻

　　蕭素女。1998。茶園常見病蟲害防治手冊。p.19-20。行政院農業委員會茶業改良場。

▌奎寧角盲椿象成蟲。

▌奎寧角盲椿象為害茶嫩芽葉之病斑。

五、泛泰盲椿象

學名： *Taylorilygus apicalis* Fieber

俗名： 綠盲椿象

病徵

　　泛泰盲椿象成蟲及若蟲皆會取食剛萌芽之茶芽部位，造成芽上有如被針尖刺過的紅褐色點狀傷痕，被害之茶芽會繼續生長一段時間後，被害傷口隨茶芽葉生長而逐漸擴大呈穿孔狀，若在葉緣部位則形成不規則缺口或扭曲變形，孔口或缺口周圍組織形成暈黃狀，但新芽會繼續正常生長。

發生生態

　　主要發生在秋末至翌年初春時節，位於海拔約 800 公尺以上之低矮樹叢茶園即為最適宜該蟲發育與繁殖之棲息場所，約平均氣溫為 13±5℃，平均溼度約在 80±10%RH。

　　本蟲性喜陰涼、隱蔽場所，若在白晝晴天則隱藏在茶叢內，甚難發現其蹤跡，其出沒時間主要在每年秋、冬萌芽時成蟲即前來產卵，孵化後之若蟲在日出前與日落後的時段，或陰雨天才爬至芽葉上活動危害。

防治方法

　　參考茶角盲椿象防治方法。

參考文獻

　　曾信光。2005。高海拔茶區發生之盲椿象 - 綠盲椿象之生態與防治。茶業專訊 52:12-13。

▌ 泛泰盲椿象危害後之病徵。

▌ 泛泰盲椿象成蟲（曾信光攝）。

六、茶刺粉蝨

學名： *Aleurocanthus camelliae* Kanmiya and Kasai

英名： Spiny whitefly

俗名： 黑煙仔、灰煙仔

病徵

　　若蟲寄生在成熟葉片葉背，吸食養分並分泌蜜露誘發煤煙病，使得寄主枝葉變黑，阻礙光合作用的進行，造成樹勢變弱。多發生於夏秋季節，茶園較陰暗、通風不良之區域。

發生生態

　　茶刺粉蝨一年發生 4-6 代，以老熟若蟲在葉背越冬，翌春化蛹，第 1 代成蟲在 4 月上旬開始羽化。成蟲飛翔力較弱白天活動，常聚在茶欉內葉片背面，受驚擾時，群起飛翔。

防治方法

1. 茶園通風良好可減少危害，故管理上宜注意修剪枝作業以增加通風。
2. 物理防治：黃色黏紙誘殺。
3. 化學防治：依據田間茶芽生長狀況，參考使用公告核准使用之防治藥劑（第七章）。
   ⑴ 農藥資訊服務網／登記管理／病蟲害防治／作物分類名稱：茶類／山茶科茶類／茶 茶葉；病蟲分類名稱／粉蝨類。
   ⑵ 植物保護資訊系統。

參考文獻

唐美君、肖強。2018。茶樹病蟲及天敵圖譜。p.98-99。中國農業出版社。

蕭素女。1998。茶園常見病蟲害防治手冊。p.15-17。行政院農業委員會茶業改良場。

▍ 茶刺粉蝨若蟲寄生在成熟葉背。

▍ 茶刺粉蝨成蟲聚集嫩葉並危害。

▍ 茶刺粉蝨若蟲體外緣有明顯白色蠟質物。

▍ 茶刺粉蝨造成之煤煙病。

七、茶摺粉蝨

學名： *Aleurotrachelus camelliae* Kuwama

英名： Spiny whitefly

俗名： 黑煙仔、灰煙仔

病徵

若蟲寄生在成熟葉片葉背，吸食養分並分泌蜜露誘發煤煙病，使得寄主枝葉變黑，阻礙光合作用的進行，造成樹勢變弱。多發生於夏秋季節，茶園較陰暗、通風不良之區域。

發生生態

茶摺粉蝨4齡若蟲體黑色有金屬光澤，橢圓形，背中央有條隆起的脊，具有明顯體緣並會分泌透明膠質覆蓋蟲體，以老熟若蟲在茶樹葉背越冬，隔年春天開始羽化，3月下旬至4月時棲群密度最高。卵初孵化之若蟲在卵殼附近移動，隨即固著在葉背吸食汁液危害茶樹葉片。

防治方法

1. 茶園通風良好可減少危害，故管理上宜注意修剪枝作業以增加通風。
2. 物理防治：黃色黏紙誘殺。
3. 化學防治：依據田間茶芽生長狀況，參考使用公告核准使用之防治藥劑（第七章）。
   ⑴ 農藥資訊服務網 / 登記管理 / 病蟲害防治 / 作物分類名稱：茶類 / 山茶科茶類 / 茶 茶葉；病蟲分類名稱 / 粉蝨類。
   ⑵ 植物保護資訊系統。

參考文獻

寧方俞、曾信光。2017。認識茶樹上的三種粉蝨類害蟲。茶業專訊101：8-9。

▍ 茶摺粉蚧若蟲體黑色有金屬光澤，固著在葉背。

▍ 茶摺粉蚧造成之煤煙病。

八、蚜蟲

學名： *Toxoptera aurantii* Boyer de Fonscolombe

英名： Aphid

俗名： 龜神、小桔蚜

病徵

　　茶樹蚜蟲主要發生在春季及秋季，蚜蟲會群聚危害茶樹嫩芽葉部分，其若蟲及成蟲會同時出現在單一芽葉上取食危害，受危害之茶芽葉會生育不良，葉片呈較小及捲曲狀。由於蚜蟲會分泌蜜露，不僅誘引螞蟻協助其移動，其形成特殊之共生關係，該蜜露亦會造成葉面之煤煙病生成。

發生生態

　　本蟲年發生約十數代，無越冬現象，主要行孤雌生殖，繁殖速度快，趨嫩性強，主要聚集於第 1、2 葉，晚春時多群集茶樹新芽吸食汁液，雨季時則顯著減少，至 9-10 月間數量又再次增加，宜特別注意防治。

防治方法

1. 生物防治：茶園釋放瓢蟲及草蛉等天敵昆蟲。
2. 物理防治：黃色黏紙誘殺有翅成蚜。
3. 化學防治：目前尚無核准登記使用藥劑，可參考其他刺吸式害蟲防治藥劑，如茶小綠葉蟬及茶角盲椿象。

參考文獻

唐美君、肖強。2018。茶樹病蟲及天敵圖譜。p.133。中國農業出版社。

蕭素女。1986。十一、蚜蟲。茶樹主要病蟲害的認識與防治手冊。p.19。

蚜蟲若蟲及成蟲聚集在茶嫩芽葉危害。

螞蟻協助蚜蟲之傳播散布。

蚜蟲分泌之蜜露使發生附近產生煤汙。

受蚜蟲危害後之茶嫩葉捲曲。

九、小黃薊馬

學名：　*Scirtothrips dorsalis* Hood

英名：　Yellow tea thrips、Small yellow thrips

俗名：　茶黃薊馬、姬黃薊馬、刺馬

病徵

　　若蟲及成蟲在嫩葉背面刺吸汁液，受危害部位形成條狀褐斑，嫩葉變形且生長不良，常有近平行主脈結痂狀病徵，或因茶樹葉片組織受破壞，使得葉背呈褐色。

發生生態

　　茶黃薊馬一年發生 14 代，以 4-5 月時之族群密度最高，其次為 8-9 月。對顏色的偏好，以綠色為首，其次為黃色。冬季無茶芽及嫩葉時轉而寄生於茶花中越冬。卵產於芽和嫩葉葉背表皮下，單粒散生。

防治方法

1. 生物防治：茶園釋放草蛉等天敵昆蟲。
2. 物理防治：黃色黏紙誘殺成蟲。
3. 提早採收及改善茶園之通風性可減少薊馬之發生，降低本蟲的發生密度。
4. 清除其他雜草等植物（薊馬中間寄主及棲息處）。
5. 化學防治：依據田間茶芽生長狀況，參考使用公告核准使用之防治藥劑（第七章）。
   ⑴ 農藥資訊服務網／登記管理／病蟲害防治／作物分類名稱：茶類／山茶科茶類／茶 茶葉；病蟲分類名稱／薊馬類。
   ⑵ 植物保護資訊系統。

參考文獻

　　蕭素女。2004。植物保護圖鑑系列 4- 茶樹保護。p.20-22。行政院農業委員會動植物防疫檢疫局。

　　蕭素女。1998。茶園常見病蟲害防治手冊。p.22-23。行政院農業委員會茶業改良場。

▌ 茶樹嫩葉受小黃薊馬危害後呈現之近平行主脈結痂狀。

▌ 小黃薊馬主要危害嫩葉。

▌ 黃色細長的小黃薊馬蟲體聚集在茶嫩芽上。

▌ 茶嫩芽葉受小黃薊馬危害嚴重貌。

▌ 小黃薊馬成蟲。

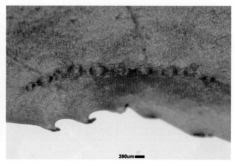

▌ 小黃薊馬主要危害葉片呈結痂狀。

十、三輪薊馬

學名： *Dendrothrips minowai* Priesner

英名： Black tea thrips

俗名： 刺馬

∙∙

病徵

幼蟲及成蟲在嫩葉及茶芽的背面刺吸汁液，破壞組織，使得葉背面呈褐色，密度高時葉面亦受害而變色。

發生生態

一年中以 5 及 6 月時發生最爲嚴重，氣候持續炎熱及乾旱，害蟲族群密度則可以維持高峰於 7-8 月。雌蟲一般在嫩葉葉面產卵，卵嵌在葉肉組織中，卵孵化後，幼蟲遷移到葉背取食，沿著主脈兩旁分布，成蟲則常分布在葉面吸食。

防治方法

參考小黃薊馬之防治方法。

參考文獻

蕭素女。2004。植物保護圖鑑系列 4- 茶樹保護。p.17-19。行政院農業委員會動植物防疫檢疫局。

蕭素女。1998。茶園常見病蟲害防治手冊。p.21-22。行政院農業委員會茶業改良場。

▌ 三輪薊馬危害嫩葉後造成葉片褐化。

▌ 三輪薊馬危害嫩葉後造成葉背褐色病徵。

十一、潛葉蠅

學名：　*Tropicomyia* sp.

英名：　Leafminer

俗名：　畫圖蟲、熱潛蠅、葉潛蠅

病徵

　　幼蟲在上表皮下潛食，造成銀白色孔道狀，大多數茶園均會發生，但通常零星發生。卵單個，產於老葉的上表皮，孵出的幼蟲黃色，鑽入葉內，在葉內蜿蜒蛀食上表皮下的組織，有時會吃一掉一大片葉面積。幼蟲老熟時，向葉緣移動，並在一膨大的小室中化蛹。

發生生態

　　以幼蟲潛伏在葉肉組織中越冬，春季漸暖後出現成蟲，卵散生於嫩葉表面，幼蟲孵化後蛀入葉內潛食葉肉，老熟後即在葉內通道中化蛹。

防治方法

1. 人工摘除含有幼蟲或蛹之受害葉。
2. 物理防治：黃色黏紙誘殺成蟲。
3. 化學防治：參考選用核准登記於茶樹上之系統性殺蟲劑。

參考文獻

　　唐美君、肖強。2018。茶樹病蟲及天敵圖譜。p.81。中國農業出版社。

▌ 潛葉蠅幼蟲鑽食葉肉。

▌ 潛葉蠅於葉中化蛹。

十二、茶蠶

學名： *Andraca theae* Matsumura

英名： Cluster caterpillar、Bunch caterpillar、Brown caterpillar

俗名： 軟蟲、茶客、烏秋蟲、臺灣茶樺蛾、黃斑暗蠶蛾、二點偽鉤翅蛾

病徵

　　幼蟲共 5 齡，具有群聚取食葉片特性，1、2 齡幼蟲食量小，3、4 齡幼蟲食量漸增加，取食整個葉片，5 齡幼蟲後則分散數群危害，其食量驚人，使茶叢往往只剩枝幹，危害輕時遠望呈塊狀，嚴重時整片茶園只剩枝幹。老熟幼蟲於地面枯葉間、枝幹縫隙或淺土中結褐色薄繭化蛹。

發生生態

　　本蟲一年可發生 3-4 世代，第 1 世代幼蟲發生於春茶 2-4 月，為期 31-41 日，第 2 世代為夏茶 5-7 月，為期 20-30 日，第 3 世代為秋茶 10-12 月，為期 24-39 日。

防治方法

1. 利用幼蟲群集習性行人工捕捉及摘除卵塊。
2. 冬季施行深耕除去土中之蛹。
3. 發生較多時可進行點噴式施藥。
4. 化學防治：依據田間茶芽生長狀況，參考使用公告核准使用之防治藥劑（第七章）。
   ⑴ 農藥資訊服務網／登記管理／病蟲害防治／作物分類名稱：茶類／山茶科茶類／茶 茶葉；病蟲分類名稱／茶蠶。
   ⑵ 植物保護資訊系統。

參考文獻

　　曾信光。2004。植物保護圖鑑系列 4- 茶樹保護。p.27-29。行政院農業委員會動植物防疫檢疫局。

　　蕭素女。1998。茶園常見病蟲害防治手冊。p.26-28。行政院農業委員會茶業改良場。

初孵化之茶蠶幼蟲。

茶蠶 2 齡幼蟲群集在茶樹枝條上。

茶蠶 3 齡幼蟲群集在茶樹枝條上取食葉片。

茶蠶 5 齡幼蟲群集在茶樹枝條上取食葉片。

茶蠶產卵於葉背，呈黃色圓球形。

茶蠶成蟲交尾（左為雄成蟲，右為雌成蟲）。

十三、茶捲葉蛾

學名：　*Homona magnanima* Dialonoff

英名：　Oriental tea tortrix、Tea leaf-roller

俗名：　青蟲、捲心蟲

病徵

　　茶捲葉蛾危害成葉，幼蟲分散後隨即吐絲將 2 片葉黏在一起，棲於內面取食，隨著幼蟲長大，再將附近 2、3 片葉黏在一起，棲息於內面繼續取食葉肉，被害葉常留下表皮呈紅褐色，影響茶葉產量和品質。

發生生態

　　一年發生 6 世代，其世代重疊，成蟲、卵、幼蟲、蛹各期會同時發生，在田間難以分辨屬於何世代。

　　幼蟲吐絲將 2、3 片茶葉捲成覆疊狀，幼蟲棲於其中加以食害，殘留表皮呈黃褐色，成熟幼蟲即在被害處化蛹，成蟲棲息於葉面及葉背，而產卵於葉片呈黃色魚鱗狀，近孵化時呈黑色。

　　每一雌蛾可產 1-6 次卵，每次產 1-3 卵塊，每塊 13-276 粒，平均一雌蛾可產 330 粒卵。卵期日數在 14-20℃平均日數為 17.6-12.1 日，21-25℃平均日數為 10.5-6.6 日，26-31℃平均日數為 7.1-5.3 日。幼蟲期日數 16℃以下平均日數為 56-63 日，17-23℃平均日數為 30-40 日，24℃以上平均日數為 21-28 日。蛹期平均日數為 6-17 日。成蟲於黃昏後飛翔活動交配產卵。

防治方法

1. 以人工摘除卵塊。

2. 在 9 月中旬開始利用性費洛蒙防治至隔年 3 月為止，受害茶園每隔 20 公尺設置一誘蟲盒，誘蟲盒懸掛在離茶樹採摘面約 45 公分處，誘引源需定期更換。

3. 燈光誘殺：利用成蟲趨光性，設置誘蟲燈誘殺成蟲。

4. 化學防治：依據田間茶芽生長狀況，參考使用公告核准使用之防治藥劑（第七章）。

　　⑴ 農藥資訊服務網／登記管理／病蟲害防治／作物分類名稱：茶類／山茶科茶類／茶 茶葉；病蟲分類名稱／捲葉蛾類。

　　⑵ 植物保護資訊系統。

參考文獻

　　蕭素女。2004。植物保護圖鑑系列 4- 茶樹保護。p.30-33。行政院農業委員會動植物防疫檢疫局。

　　蕭素女。1998。茶園常見病蟲害防治手冊。p.28-31。行政院農業委員會茶業改良場。

▌ 茶捲葉蛾危害之葉片呈紅褐色。

▌ 茶捲葉蛾危害茶葉嚴重情形。

茶捲葉蛾成蟲，雌（上）雄（下）。

茶捲葉蛾幼蟲。

茶捲葉蛾卵塊及部分卵孵化。

茶捲葉蛾蛹。

十四、茶姬捲葉蛾

學名： *Adoxophyes* sp.

英名： Smaller tea tortrix

俗名： 青蟲、捲心蟲

病徵

幼蟲危害嫩葉及芽，幼蟲共有 5 齡，初孵化的幼蟲棲息於茶芽內，或未展開的嫩葉邊緣內取食，進入 2 齡後吐絲由嫩葉葉尖向中心捲起，藏匿其內危害，3 齡後亦危害成葉。

發生生態

一年發生 8 代，一般在春茶末期至秋茶期間發生密度較高。近年來在中部茶區發生較嚴重，在名間茶區以 4-11 月發生密度較高，而鹿谷茶區則以 1-6 月及 10-12 月發生密度較高。

防治方法

1. 縮短採茶週期，可減少危害。
2. 在 2 月中旬開始利用性費洛蒙防治至 9 月為止，受害茶園每隔 20 公尺設一誘蟲盒，誘蟲盒懸掛在離茶樹採摘面約 45 公分處，誘引源需定期更換。
3. 燈光誘殺：利用成蟲趨光性設置誘蟲燈誘殺成蟲。
4. 化學防治：依據田間茶芽生長狀況，參考使用公告核准使用之防治藥劑（第七章）。
   ⑴ 農藥資訊服務網／登記管理／病蟲害防治／作物分類名稱：茶類／山茶科茶類／茶 茶葉；病蟲分類名稱／捲葉蛾類。
   ⑵ 植物保護資訊系統。

參考文獻

蕭素女。2004。植物保護圖鑑系列 4- 茶樹保護。p.34-36。行政院農業委員會動植物防疫檢疫局。

蕭素女。1998。茶園常見病蟲害防治手冊。p.31-32。行政院農業委員會茶業改良場。

茶姬捲葉蛾幼蟲。

茶姬捲葉蛾將茶嫩葉捲起進行危害。

茶姬捲葉蛾卵產於葉背。

茶芽大量受茶姬捲葉蛾危害貌。

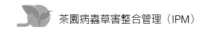

十五、黑姬捲葉蛾

學名：	*Cydia leucostoma* Meyrick
英名：	Flush worm
俗名：	包心蟲、捲葉蟲

病徵

卵散生，產在第 2、3 葉葉背，初孵化幼蟲爬到心芽裡，棲息在茶芽內危害，隨茶芽的伸長，將茶芽與嫩葉用絲纏在一起，作點狀纏住危害，受害嫩莖及嫩葉因而彎曲呈 P 型。

發生生態

一年發生 6 代，在中南部茶區以 8-9 月發生密度最高。幼木茶園發生較成木茶園多，高山茶園較平地茶園發生多，其中以大葉種茶樹受害較為嚴重。幼蟲受到天敵、環境等因素干擾死亡率高，可達 72.3%。

防治方法

1. 縮短採茶週期，可減少危害。
2. 燈光誘殺：利用成蟲趨光性，設置誘蟲燈誘殺成蟲。
3. 化學防治：依據田間茶芽生長狀況，參考使用公告核准使用之防治藥劑（第七章）。
   (1) 農藥資訊服務網／登記管理／病蟲害防治／作物分類名稱：茶類／山茶科茶類／茶 茶葉；病蟲分類名稱／捲葉蛾類。
   (2) 植物保護資訊系統。

參考文獻

蕭素女。2004。植物保護圖鑑系列 4- 茶樹保護。p.37-38。行政院農業委員會動植物防疫檢疫局。

蕭素女。1998。茶園常見病蟲害防治手冊。p.33-34。行政院農業委員會茶業改良場。

黑姬捲葉蛾危害茶嫩芽葉狀。

黑姬捲葉蛾幼蟲。

黑姬捲葉蛾危害小葉種茶樹茶芽葉。

黑姬捲葉蛾危害大葉種茶樹茶芽葉。

十六、茶細蛾

學名： *Caloptilia theivora* Walsingham

英名： Tea leafroller

俗名： 三角捲葉蟲

病徵

初孵化的幼蟲在葉主脈下表皮內潛葉危害，形成曲線薄膜，第 3 齡幼蟲遷移到葉緣附近危害，並由葉緣向葉背捲起危害，老齡幼蟲轉移到嫩葉，再把嫩葉捲成三角形，繼續危害。

發生生態

一年發生 5-7 代，卵散生於芽梢及嫩葉背面。幼蟲孵化後在葉背下表皮潛食葉肉；3 齡幼蟲將葉緣向葉背捲折，在捲邊內取食葉肉；4 齡幼蟲將葉尖沿葉背捲成三角形蟲包，在包內取食；5 齡幼蟲老熟後爬至成葉或老葉背結繭化蛹。於小葉種之危害較多，於春、夏季較為常見。幼木茶樹受害則發育遲緩，成木茶樹受害則茶菁收穫量減少，品質降低。

防治方法

1. 縮短採茶週期可減輕其危害。
2. 燈光誘殺：利用成蟲趨光性，設置誘蟲燈誘殺成蟲。
3. 化學防治：依據田間茶芽生長狀況，參考使用公告核准使用之防治藥劑（第七章）。
   (1) 農藥資訊服務網／登記管理／病蟲害防治／作物分類名稱：茶類／山茶科茶類／茶 茶葉；病蟲分類名稱／捲葉蛾類。
   (2) 植物保護資訊系統。

參考文獻

唐美君、肖強。2018。茶樹病蟲及天敵圖譜。p.62-63。中國農業出版社。

蕭素女。2004。植物保護圖鑑系列 4- 茶樹保護。p.39-40。行政院農業委員會動植物防疫檢疫局。

蕭素女。1998。茶園常見病蟲害防治手冊。p.34-35。行政院農業委員會茶業改良場。

不同齡期之茶細蛾危害葉片徵狀。

茶細蛾幼蟲。

茶細蛾將小葉種茶樹嫩葉捲起呈三角形。

茶細蛾將大葉種茶樹嫩葉捲起呈三角形。

十七、茶扁腹蛾

學名： 未定

病徵

　　幼蟲吐絲將 2、3 片茶葉捲成覆疊狀，主要危害成熟葉，幼蟲棲於其中加以食害，其造成之葉部病徵與茶捲葉蛾非常類似，但其移動性較茶捲葉蛾爲差，常固定於同一危害位置至化蛹。

防治方法

1. 化學防治：依據田間茶芽生長狀況，參考使用公告核准使用於茶捲葉蛾之防治藥劑（第五章）。
2. 參考茶捲葉蛾防治方法。

參考文獻

　　寧方俞、廖珠吟、施禮正。2017。茶園發現之捲葉蛾類害蟲。茶業專訊 101：6-7。

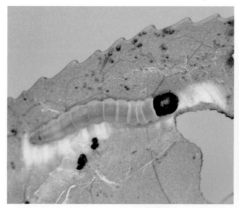
茶扁腹蛾－幼蟲（寧方俞攝）。

茶扁腹蛾危害病徵（寧方俞攝）。

十八、黑點刺蛾

學名： *Thosea sinensis* Walker

英名： Black spotted slug-caterpillar

俗名： 刺角蟲、圓刺毛、扁刺蛾、內點刺蛾

病徵

　　幼蟲期 7 齡，1、2 齡幼蟲多棲於葉面嚙食上表皮及葉肉，僅留下表皮；3、4 齡幼蟲則移往葉背危害，此時則留上表皮；5 齡以後食量增加，多蠶食全葉或僅留葉之主脈；至 6、7 齡時受害葉片之傷口呈刀切狀，為極明顯之特徵。幼蟲刺毛能分泌毒液，若皮膚接觸毒液會造成紅腫等過敏性反應。

發生生態

　　幼蟲幼齡危害茶葉上表皮，遺留下表皮呈褐色斑點，3-5 齡取食多移於葉背危害，遺留上表皮，隨後食量增加而取食全葉，7 齡時所食葉片之傷口呈一橫切線，如刀切狀，成熟幼蟲於淺土或落葉內結堅硬黑褐色繭化蛹。卵產於葉面狀似單片魚鱗，黃色光滑，一葉產卵 1 粒，年約發生 2-3 世代，幼蟲以 7-8 月發生較多。

防治方法

1. 燈光誘殺：利用成蟲趨光性，設置誘蟲燈誘殺成蟲。
2. 化學防治：依據田間茶芽生長狀況，參考使用公告核准使用之防治藥劑（第七章）。
   ⑴ 農藥資訊服務網 / 登記管理 / 病蟲害防治 / 作物分類名稱：茶類 / 山茶科茶類 / 茶 茶葉；病蟲分類名稱 / 刺蛾類。
   ⑵ 植物保護資訊系統。

參考文獻

　　唐美君、肖強。2018。茶樹病蟲及天敵圖譜。p.47。中國農業出版社。

　　曾信光。2004。植物保護圖鑑系列 4- 茶樹保護。p.49-51。行政院農業委員會動植物防疫檢疫局。

蕭素女。1998。茶園常見病蟲害防治手冊。p.39-40。行政院農業委員會茶業改良場。

▌ 黑點刺蛾幼蟲。

▌ 黑點刺蛾幼蟲。

十九、茶毒蛾

學名： *Euproctis pseudoconspersa* Strand

英名： Tea tussock moth、Brown-tail moth

俗名： 茶毛蟲、毒毛蟲、刺毛狗蟲

病徵

初齡幼蟲群集葉背嚙食，留下表皮呈黃褐色，並留一半左右之茶葉未加害而移食他葉，進入第 3 齡幼蟲後由葉緣取食，留下不整缺刻。發生嚴重時可將茶樹葉片食盡，影響茶樹的樹勢與茶葉產量。

發生生態

成熟幼蟲在茶枝間隙及附近地面之雜物底下化蛹。卵產於茶樹中、下部葉背，上覆黃色絨毛，幼蟲群集性強，在茶樹上具有側向分布特性。無論幼蟲、成蟲、卵塊及繭都附有使人接觸後引發過敏性反應（癢）之毒毛，且成蟲會分泌一種乾性胜肽物質，可隨風到處飄揚傷人。生活史可發生 5 世代，各蟲期於田間也常相混雜。

防治方法

1. 隨手摘除卵塊及群集幼蟲。
2. 燈光誘殺：成蟲有強烈趨光性，可用誘蛾燈誘殺。
3. 冬季深耕減少族群密度。
4. 化學防治：依據田間茶芽生長狀況，參考使用公告核准使用之防治藥劑（第七章）。
   (1) 農藥資訊服務網／登記管理／病蟲害防治／作物分類名稱：茶類／山茶科茶類／茶 茶葉；病蟲分類名稱／毒蛾類。
   (2) 植物保護資訊系統。

參考文獻

唐美君、肖強。2018。茶樹病蟲及天敵圖譜。p.39-40。中國農業出版社。

曾信光。2004。植物保護圖鑑系列 4- 茶樹保護。p.45-46。行政院農業委員會

動植物防疫檢疫局。

　　蕭素女。1998。茶園常見病蟲害防治手冊。p.37-38。行政院農業委員會茶業改良場。

▌　茶毒蛾幼蟲聚集取食茶樹葉片。

▌　茶毒蛾幼蟲聚集取食茶樹葉片。

▌　茶毒蛾幼蟲聚集於茶樹枝條。

▌　茶毒蛾卵塊。

二十、小白紋毒蛾

學名： *Orgyia postica* Walker

英名： Cocoa tussock moth、Hevea tussock moth

俗名： 毒毛蟲、刺毛狗蟲、紅頭蟲、棉古毒蛾

病徵

幼蟲孵化後 1-3 日群集卵塊附近吐絲結網，後逐漸分散，幼齡多囓食葉背，2-3 齡後自葉緣蠶食，成熟幼蟲在葉背枝條空隙或葉背結繭化蛹。

發生生態

羽化後雌蛾翅退化呈無翅狀態，待雄蛾飛來交尾，故產卵於雌蛾繭上，呈乳白色覆有毒毛，一塊卵塊有 54-720 粒卵，本蟲年發生 8-9 世代，3-5 月發生較多，卵期冬季 17-27 日，夏季 6-14 日，幼蟲期冬季雄蟲 24-55 日，雌蟲 30-61 日；夏季雄蟲 13-22 日，雌蟲 8-22 日。蛹期冬季雄蟲 9-25 日，雌蟲 13-17 日；夏季雄蟲 5-12 日，雌蟲 5-8 日。一世代日數冬季 81-89 日，夏季 26-33 日。

防治方法

1. 隨手摘除卵塊及群集幼蟲。
2. 化學防治：依據田間茶芽生長狀況，參考使用公告核准使用之防治藥劑（第七章）。
   ⑴ 農藥資訊服務網 / 登記管理 / 病蟲害防治 / 作物分類名稱：茶類 / 山茶科茶類 / 茶 茶葉；病蟲分類名稱 / 毒蛾類。
   ⑵ 植物保護資訊系統。

▎ 小白紋毒蛾幼蟲取食花苞。

▎ 小白紋毒蛾幼蟲。

二十一、三點斑刺蛾

學名： *Darna furva* Wileman

俗名： 帶刺蛾

病徵

幼蟲取食葉片初期，會造成葉片產生許多大小不一之蟲孔，當害蟲族群量增加及在危害後期，因食量增加，茶樹葉片被大量取食只剩葉脈，被害植株上可見許多墨綠色顆粒狀糞便。其幼蟲白天潛伏在植材或枯葉中，黃昏後至清晨便出來危害。

防治方法

1. 化學防治：依據田間茶芽生長狀況，參考使用公告核准使用於毒蛾、刺蛾之防治藥劑（第七章）。
   ⑴ 農藥資訊服務網 / 登記管理 / 病蟲害防治 / 作物分類名稱：茶類 / 山茶科茶類 / 茶 茶葉；病蟲分類名稱 / 刺蛾類。
   ⑵ 植物保護資訊系統。

參考文獻

林秀橚、莊國鴻、吳榮彬、邱垂豐。2012。茶樹新發生蟲害 - 三點斑刺蛾。茶情雙月刊 61:4。

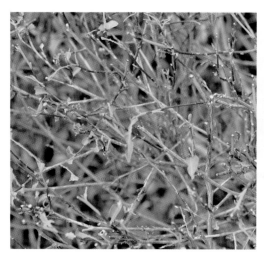

▌三點斑刺蛾大量發生危害茶樹情形。

▌三點斑刺蛾幼蟲。

▌三點斑刺蛾大量取食葉片後排出大量
糞便於茶樹下。

▌三點斑刺蛾成蟲及蛹。

二十二、斜紋夜蛾

學名： *Spodoptera litura* Fabricius

英名： Armyworm、Cluster caterpillar、Common cutworm

俗名： 行軍蟲、黑土蟲、黑肚蟲、巢蟲或蓮紋夜盜

病徵

　　初孵化至 3 齡之幼蟲有群棲性，啃食葉背之葉肉組織並殘留表皮，4 齡後之幼蟲會在葉片上造成不規則的蟲孔或缺刻，有時也啃食嫩莖，造成茶梢焦枯。由於繁殖能力強加上幼蟲食量驚人，若未能有效控制，則會造成茶樹僅剩枝條。

發生生態

　　成蟲具有趨光性，成蟲及幼蟲均晝伏夜出，一般於日落後開始活躍並進行交尾。雌蟲交尾後，將卵產在葉背，一百至數百粒卵被母蟲的尾毛覆蓋，形成卵塊。卵期在 25℃ 下約 3 日。剛孵化之幼蟲有棲群性，2、3 齡後開始分散危害，主要以葉部為食，隨著齡期的增加，食量增大，嚴重時，葉片被啃食僅剩葉柄及葉脈。幼齡幼蟲常棲息於葉背，4 齡幼蟲以後當日照強時，藏匿在土中或雜草間，黃昏之後即出來危害，化蛹時會潛入土中作土窩化蛹。幼蟲有 6 齡，在 25℃ 下約 14 日，前蛹期 3 日。老熟幼蟲於土中化蛹，蛹期 6.4 日。

防治方法

1. 注重田間衛生，隨時清除雜草以減少本蟲之隱蔽場所。
2. 發現卵塊時，及時摘除及銷毀。
3. 燈光誘殺：成蟲有趨光性，可用誘蛾燈誘殺。
4. 利用性費洛蒙監測及誘殺雄蟲。
5. 生物防治：蘇力菌或核多角體病毒。
6. 化學防治：參考茶蠶核准登記使用藥劑（第七章）。
   ⑴ 農藥資訊服務網 / 登記管理 / 病蟲害防治 / 作物分類名稱：茶類 / 山茶科茶類 / 茶 茶葉；病蟲分類名稱 / 夜蛾類。
   ⑵ 植物保護資訊系統。

參考文獻

唐美君、肖強。2018。茶樹病蟲及天敵圖譜。p.78。中國農業出版社。

黃莉欣、黃逸湘、蔡勇勝、楊秀珠。2007。斜紋夜蛾之發生與管理。茶樹整合管理。p.75-83。行政院農業委員會農業藥物毒物試驗所。

斜紋夜蛾取食葉片病徵。

斜紋夜蛾幼蟲。

二十三、茶避債蛾

學名：　*Eumeta minuscule* Bulter

英名：　Tea bag-worm

俗名：　布袋蟲、蟲包、燈籠蟲

病徵

　　本蟲囓食茶樹葉片，幼蟲剛孵化時也就是從母蟲袋底下鑽出後吐絲隨風飄送，散布於茶樹上，經過 1-2 小時吐絲做一小袋，此後一生居於袋內，取食時將頭伸出袋外，移動時蟲及袋一併帶走，幼小時囓食下表皮及葉肉遺留上表皮，呈不規則圓形之傷痕，幼蟲以細小枝梢縱綴成袋。

發生生態

　　年約發生 2-3 世代，第 1 世代成蟲於 2-4 月，第 2 世代於 6-7 月，第 3 世代於 9-10 月出現，幼蟲全年中均可發現，危害嚴重時連樹皮也加害。老熟幼蟲於袋內化蛹，雄蟲羽化後從袋之下口飛出，雌蛾翅退化，留於袋內待雄蛾飛來交配，雌蛾產卵於待內之蛹殼內，並附有蟲毛，其產卵數約 300-1,000 粒。

防治方法

1. 隨時採集蟲袋，將之集中銷毀。
2. 化學防治：依據田間茶芽生長狀況，參考使用公告核准使用之防治藥劑（第七章）。
   ⑴ 農藥資訊服務網／登記管理／病蟲害防治／作物分類名稱：茶類／山茶科茶類／茶 茶葉；病蟲分類名稱／避債蛾類。
   ⑵ 植物保護資訊系統。

參考文獻

　　曾信光。2004。植物保護圖鑑系列 4- 茶樹保護。p.41-42。行政院農業委員會動植物防疫檢疫局。

　　蕭素女。1998。茶園常見病蟲害防治手冊。p.36-37。行政院農業委員會茶業改良場。

▍茶避債蛾初期危害茶葉造成多點孔洞症狀。

▍茶避債蛾蟲袋。

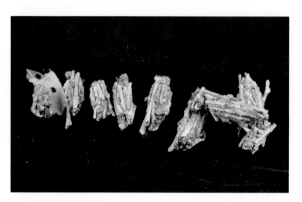

▍茶避債蛾蟲袋。

二十四、臺灣避債蛾

學名： *Eumeta oolona* Sonan

英名： Taiwan bag-worm

俗名： 布袋蟲、蟲包、燈籠蟲

病徵

　　幼蟲取食茶葉，初齡只取食葉肉，四齡後則將葉片取食呈圓孔狀或取食葉緣造成缺刻狀，幼蟲利用葉片結成蟲袋。

發生生態

　　年發生 2 世代，蟲袋利用取食剩下或三分之一或二分之一之茶葉做成，形似蓑衣，長約 4 公分左右，成蟲於 6-7 月出現。

防治方法

1. 隨時採集蟲袋，將之集中銷毀。
2. 化學防治：依據田間茶芽生長狀況，參考使用公告核准使用之防治藥劑（第七章）。
   ⑴ 農藥資訊服務網 / 登記管理 / 病蟲害防治 / 作物分類名稱：茶類 / 山茶科茶類 / 茶 茶葉；病蟲分類名稱 / 避債蛾類。
   ⑵ 植物保護資訊系統。

參考文獻

　　曾信光。2004。植物保護圖鑑系列 4- 茶樹保護。p.43-44。行政院農業委員會動植物防疫檢疫局。

臺灣避債蛾蟲袋。

臺灣避債蛾幼蟲爬出蟲袋取食。

臺灣避債蛾取葉片食後排出大量糞便。

二十五、尺蠖蛾

學名：　*Ascotis selenaria* Denis et Shiffermuller

英名：　Measuring worm

俗名：　拱背蟲、造橋蟲、腎斑尺蠖、瘤尺蠖

病徵

　　本蟲屬於雜食爆發性害蟲，因食量大、蟲口眾多，危害初期葉片出現不整齊孔洞及缺刻，危害後期茶樹綠葉均被其蠶食殆盡，僅存枝條與茶果。

發生生態

　　卵、成蟲多附於相思樹上，每次發生都由相思樹蔓延到茶園，成蟲白天不動，靜棲相思樹上，黃昏後活動交尾及產卵，卵產於樹縫裡，綠色呈不規則塊狀，幼蟲孵化非常活潑敏捷往樹上爬行後，吐絲隨風飄送四處危害，幼齡喜食嫩葉，3、4齡後開始危害老葉，成熟幼蟲於茶枝間隙及地面 1-4.5 公分土裡化蛹。

防治方法

1. 害蟲發生後隨即耕犁以殺死土中之蛹，減少下次發生密度。
2. 燈光誘殺：成蟲有趨光性，可用誘蛾燈誘殺。
3. 化學防治：依據田間茶芽生長狀況，參考使用公告核准使用之防治藥劑（第七章）。
   (1) 農藥資訊服務網 / 登記管理 / 病蟲害防治 / 作物分類名稱：茶類 / 山茶科茶類 / 茶 茶葉；病蟲分類名稱 / 尺蠖類。
   (2) 植物保護資訊系統。

參考文獻

　　蕭素女。1986。九、茶尺蠖蛾類。茶樹主要病蟲害的認識與防治手冊 p.17。臺灣省茶業改良場。

尺蠖危害初期造成葉片呈小孔狀。

尺蠖擬態為一樹枝狀。

尺蠖種類多、體色多種。

尺蠖熟齡幼蟲食量大。

二十六、咖啡木蠹蛾

學名： *Zeuzera coffeae* Niether

英名： Coffee stemborer

俗名： 鑽心蟲、白蛀蟲、咖啡蛀蟲、茶枝木蠹蛾

病徵

全年田間均可見咖啡木蠹蛾各齡幼蟲危害茶樹，成蟲產卵於枝條縫隙或腋芽間，沿木質部周圍蛀食，造成一橫環食痕，環痕以上部分枯死，易受風吹而折斷，田間發現如受害枝條越粗，則幼蟲齡期越大，幼蟲有遷移習性。

發生生態

在臺灣每一茶樹專業區均可發現咖啡木蠹蛾危害，山坡地區茶園受害較嚴重，主要因山坡地缺乏水源，雜木林豐富，成為主要之蟲源地。成蛾之發生期為 4-6 月及 8-10 月，幼蟲為 5-8 月及 9 月至翌年 3 月，蛹為 3-5 月及 8-9 月。幼蟲蛀食茶樹枝幹，向下蛀成蟲道，最終達莖基部，幼蟲會於蛀道內越冬。幼蟲有轉移枝條危害的習性，可危害 2-3 年生枝條。

防治方法

1. 在春季及秋季羽化期適時施用藥劑，可一併防治其他同時發生的害蟲，如小白紋毒蛾、臺灣黃毒蛾、斜紋夜蛾等。
2. 發現被害枝條或植株時，即予剪除並將其中幼蟲除滅。
3. 燈光誘殺：成蟲有趨光性，可用誘蛾燈誘殺。

參考文獻

唐美君、肖強。2018。茶樹病蟲及天敵圖譜。p.145。中國農業出版社。

章加寶。2004。植物保護圖鑑系列 4- 茶樹保護。p.47-48。行政院農業委員會動植物防疫檢疫局。

▌ 咖啡木蠹蛾危害造成部分枝條枯死。

▌ 咖啡木蠹蛾危害枝條後，於枝條外排出大
量蟲糞。

▌ 咖啡木蠹蛾危害茶樹枝條造成枝條中空。

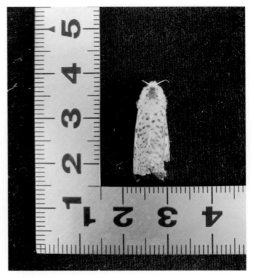

▌ 咖啡木蠹蛾成蟲。

二十七、臺灣白蟻

學名：　*Odontotermes formosanus* Shiraki
英名：　Taiwan termite
俗名：　白蟻

病徵

臺灣白蟻危害茶樹的根與莖，危害莖時，在枝條外側覆上一層泥土，棲於內面危害，受危害之枝條乾枯死亡。危害地下根部時，則順著根系周圍築成一坑道危害。

發生生態

在 4-10 月間雨後的黃昏，有翅的雌雄蟲從巢中飛出，飛翔後掉落地面，此時翅脫落，雌雄成對進入土中作巢，經 1 週左右開始產卵。一般巢作在離地表 30 公分以下，約 1-2 公尺的地方。巢有哺育巢與主巢之別，主巢只有一個，為蟻后棲息及產卵場所，哺育巢為幼蟲住所，也是菌類培養處所。

防治方法

1. 宜徹底清園，枯木倒樹應立即加以處理，勿任意棄置茶園中，以避免臺灣白蟻發生。
2. 加強水分管理，如遇乾旱需灌溉。

參考文獻

蕭素女。2004。植物保護圖鑑系列 4- 茶樹保護。p.25-26。行政院農業委員會動植物防疫檢疫局。

蕭素女。1998。茶園常見病蟲害防治手冊。p.25-26。行政院農業委員會茶業改良場。

▍臺灣白蟻在茶樹枝條外側覆蓋一層土並於其中進行危害，樹皮遭啃食造成該枝條死亡。

▍臺灣白蟻危害茶樹枝條。

▍臺灣白蟻取食地上枯死枝條。

▍臺灣白蟻危害茶樹枝條。

二十八、角蠟介殼蟲

學名： *Ceroplastes pseudoceriferus* Green

英名： Indian wax scale

俗名： 介殼蟲

病徵

若蟲及雌成蟲聚集在茶樹枝梢或枝幹上，吸食茶樹汁液，使得樹勢衰弱，茶菁收穫量減少。害蟲密度高時誘發葉面產生煤煙病，促使樹勢更加衰弱。

發生生態

角臘介殼蟲在臺灣中部茶區一年發生 2 世代，初齡若蟲發生在 4 月上旬至 5 月上旬及 9 月上旬至 10 上旬，以第 1 代發生較為嚴重。幼蟲孵化後隨即附著在枝條，並分泌白色臘質覆蓋蟲體。至於南部茶區一年可發生 3 世代。一般雌蟲定著在枝梢，雄蟲多定著在葉脈附近。

防治方法

1. 茶園保持通風良好及日照充足，可以減少本害蟲發生。
2. 春季或冬季修剪樹群老枝條（暗枝），可減少其密度。
3. 發生嚴重時，宜剪除被害枝條或配合臺刈，並將枝條燒毀。
4. 化學防治：依據田間茶芽生長狀況，參考使用公告核准使用之防治藥劑（第七章）。
   ⑴ 農藥資訊服務網／登記管理／病蟲害防治／作物分類名稱：茶類／山茶科茶類／茶 茶葉；病蟲分類名稱／介殼蟲類。
   ⑵ 植物保護資訊系統。

參考文獻

蕭素女。2004。植物保護圖鑑系列 4- 茶樹保護。p.23-24。行政院農業委員會動植物防疫檢疫局。

蕭素女。1998。茶園常見病蟲害防治手冊。p.24-25。行政院農業委員會茶業改良場。

▌ 角蠟介殼蟲寄生於茶樹枝條。

▌ 角蠟介殼蟲寄生於茶樹枝條。

▌ 角蠟介殼蟲。

▌ 角蠟介殼蟲會產生大量橘紅色卵。

二十九、金毛山天牛

學名：　*Trachylophus sinensis* Gahan

英名：　Longhorned beetles

俗名：　金毛深山天牛、華夏茶天牛（舊稱）

病徵

　　本害蟲主要發生於大葉種茶樹，2 年發生一世代，成蟲於 4-5 月間出現，產卵於茶樹主幹或枝條分叉處，較大枝條有時也產卵樹皮下，產卵處呈＞形或｜形，孵化後幼蟲由表皮或邊材囓食後蛀入木質部，呈細長隧道上下通行，隧道長達 60-70公分，茶樹粗根、樹幹均爲其危害對象，糞便呈鋸屑狀排出孔外，但仍有留一部分於孔內，乾燥而堅硬，受本害蟲危害時因養分水分輸送困難，茶樹因而逐漸衰弱終至枯死。成蟲體長 2.8-3.8 公分。

發生生態

　　金毛山天牛以成蟲或幼蟲在茶樹枝幹或根內越冬，2 年或 2 年多發生一代。產卵期爲 4-7 月，幼蟲於 6-7 月孵化，於隔年 6-7 月化蛹，蛹期自 7 月至翌年 3 月出現。卵散生於莖皮裂縫或枝節上。初孵幼蟲蛀食樹幹皮層，於 2 天內進入木質部，再向下蛀食至地下部。老熟幼蟲移至離地 3-10 公分之樹幹中，形成長圓形石灰質繭，蛻皮後化蛹在繭中。

防治方法

1. 於清晨人工捕捉成蟲。
2. 成蟲具趨光性，可利用誘蟲燈誘殺成蟲。
3. 發現樹勢衰弱時確認是否已有蟲孔，利用鐵絲等將蟲孔中之幼蟲殺死。

參考文獻

林秀榮。2020。茶樹樹幹害蟲 - 金毛山天牛。茶業專訊 113: 12。

周文一。2008。台灣天牛圖鑑（第二版）。p.142。貓頭鷹出版。

唐美君、肖強。2018。茶樹病蟲及天敵圖譜。p.137。中國農業出版社。

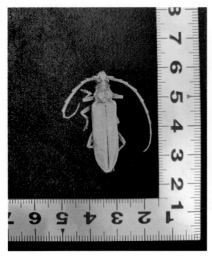

▌ 金毛山天牛成蟲。

▌ 金毛山天牛危害之茶樹樹幹橫切面。

三十、蠐螬

學名： 臺灣黑金龜 *Holotrichia horishana* Hope

埔里黑金龜 *Lachnosterna horishana* Niijima et Kinoshita

臺灣青銅金龜 *Anomala espansa* Bates

茶色長金龜 *Heptophylla picea* Motschulsky

英名： Chafer

俗名： 雞母蟲

形態

茶園常見的金龜子有 2 種：

1. 臺灣黑金龜：

成蟲：暗褐色具光澤。頭、前背板及翅鞘密布帶有褐色的短細毛，並有點刻。頭楯特別短，前緣略向上彎，中央凹下，複眼間有一橫凸起線。翅鞘沿會合處有一凸起線為其特徵。體長約 20 公釐。

幼蟲：白色，體長約 25 公釐，頭部黃褐色帶有光澤。靜止時經常呈 C 字形彎曲。腹部最後一節的腹面著生很多赤褐色的剛毛，背面長很多黃褐色的軟毛。肛門裂口（anal slit）呈 V 字形。

2. 埔里黑金龜（又稱南風龜）：

成蟲：體長約 20-25 公釐。暗褐色或褐黑色，帶有光澤。頭部密布著粗大的刻點，頭楯寬而前緣向上揚起。前胸背板很寬，約為長的 2 倍，其上點刻較頭部細而疏。在翅鞘的背面有三條縱隆線條。

幼蟲：白色，體長約 25-30 公釐。頭部及氣門輪為黃褐色。背板及足為淡黃褐色。胸部較腹部稍寬。第 10 腹節的腹面後半部，著生有鉤毛。肛門裂口呈三裂形。

病徵

剛孵化之幼蟲，咬食靠近地際部之茶樹地下莖及根部皮層，隨成長而危害根部先端和木質部，受害部位留有被咬的痕跡。幼木茶樹受害後整株枯死，成木茶樹則首先萌芽率遞減，樹勢衰退，葉片逐漸彎黃，冬季有明顯的落葉現象。

發生生態

　　一年發生 1 世代，臺灣黑金龜老熟幼蟲於 4-5 月間在危害處造土化蛹，成蟲於 6-8 月夜間出現。埔里黑金龜成蟲於 4 月下旬至 5 月上旬出現，食害植物葉片。

　　幼蟲各期（即蠐螬）均棲息在土壤中。由於危害初期不易察覺，待茶樹呈現異常時防治已遲。幼齡幼蟲年中在土壤中的棲群密度以 1-3 月和 8-10 月最高。幼蟲棲息密度往往與堆肥原料、土壤種類、土壤 pH 值，以及成蟲出現期間、茶園周邊雜草的生長和種類等都有直接與間接之關係。

防治方法

1. 田間衛生：5-8 月間，成蟲出現產卵時，徹底清除茶園雜草，可減少受害。
2. 燈光誘殺：於成蟲出現盛期，用捕蟲燈捕殺成蟲。
3. 化學防治：依據田間茶芽生長狀況，參考使用公告核准使用之防治藥劑（第七章）。
   (1) 農藥資訊服務網／登記管理／病蟲害防治／作物分類名稱：茶類／山茶科茶類／茶 茶葉；病蟲分類名稱／蠐螬。
   (2) 植物保護資訊系統。

參考文獻

曾信光。2004。植物保護圖鑑系列 4- 茶樹保護。p.54-56。行政院農業委員會動植物防疫檢疫局。

蕭素女。1998。茶園常見病蟲害防治手冊。p.40-42。行政院農業委員會茶業改良場。

▎ 蠐螬棲息於茶樹根圈周邊土壤。

▎ 蠐螬（金龜子類昆蟲之幼蟲）。

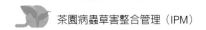
三十一、中華褐金龜

學名：*Adoretus sinicus* Burmeister

英名：Chinese rose beetle

俗名：長金龜

病徵

夜間成蟲於植株上取食老葉，被害葉片呈網目狀，危害嚴重則會造成茶樹樹勢衰弱甚至死亡。

發生生態

成蟲約 7 天，剛羽化時，雖然能在土壤裡活動，但鞘翅很軟，約需 3 天時間才能硬化，成蟲 4 月下旬開始少量羽化，5 月上旬是羽化和產卵高峰期，成蟲 4 月下旬開始少量羽化，5 月上旬是羽化和產卵高峰期。

防治方法

1. 人工捕殺：清晨成蟲飛翔能力差，容易捕殺，並可利用成蟲具有假死習性，於清晨或傍晚大量聚集茶樹上時，搖動樹枝使其跌落，加以捕殺。

2. 燈光誘殺：成蟲具趨光性可利用誘蟲燈配合水盤誘殺成蟲，水盤中加入一定量的肥皂水或柴油或廢機油，當金龜子撲燈時，由擋板將蟲碰落入水中淹死。

參考文獻

丁昭伶等。2017。油茶栽培管理 & 利用手冊。行政院農業委員會農糧署。

中華褐金龜成蟲。

中華褐金龜啃食葉片成孔洞狀。

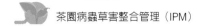

三十二、棕長頸捲葉象鼻蟲

學名： *Paratrachelophorus nodicornis* Voss

英名： Weevil

俗名： 搖籃蟲

病徵

本蟲主要危害幼嫩之葉片，在葉片背面取食，取食後葉片呈黃褐色透明斑塊，甚至會啃食穿孔。雌蟲產卵後會切下葉片，並將之捲起築巢成圓筒狀形，將產下的卵粒包裹於巢之中間，掛在樹上像搖籃，故又稱搖籃蟲，卵孵化後之幼蟲即在其中取食危害。

發生生態

3 月下旬開始發生，至 12 月皆有危害茶樹紀錄。一年 1 代，以成蟲方式越冬，繁殖季節為春至夏季且多集中在 4-6 月間，夏末族群明顯變少，卵期約 2-6 日，幼蟲 3 個齡期，大約 2 個星期化蛹，蛹期 3-6 日，羽化後成蟲咬破葉苞鑽出，開始活動。成蟲白天會躲藏在葉背，習性機警，遇到騷擾就假死掉落地面。

防治方法

隨時採集蟲袋，將之焚毀。

參考文獻

周紅春、李密、鮑政、潭濟才。2010。湖南發現兩種新的茶樹橡甲害蟲。江西植保 33(3):117-118。

棕長頸捲葉象鼻蟲成蟲及危害茶葉病徵。

棕長頸捲葉象鼻蟲啃食茶嫩葉後之病徵。

棕長頸捲葉象鼻蟲卵袋。

棕長頸捲葉象鼻蟲卵袋中通常有 1-2 粒黃色卵。

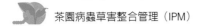

三十三、茶枝小蠹

學名： *Euwallacea* sp.

俗名： 小蠹蟲

病徵

　　遠觀受害茶園，茶樹樹勢發育不整齊，樹勢衰弱者樹冠葉片稀疏且細小，嚴重者茶樹死亡呈缺株。挖起受害茶樹全株，發現靠近地面之茶樹基部有許多小孔洞，孔洞附近時有細碎木屑，受害枝幹橫切發現有許多環形孔道，有些枝幹中可發現黑褐色之小甲蟲及白色蠕蟲狀之幼蟲。

防治方法

　　加強田間衛生工作，將受危害枝條徹底清除並移除茶園。

參考文獻

　　林秀榮、施欣慧、林清山、李春燕、黃玉如。2020。茶枝小蠹對茶樹的危害。茶業專訊 113: 13-14。

茶枝小蠹嚴重危害之茶園出現茶樹死亡情形。

茶枝小蠹成蟲。

受危害茶樹之基部呈多孔狀。

受危害的茶樹枝幹橫切面。

三十四、神澤氏葉蟎

學名： *Tetranychus kanzawai* Kishida

英名： Kanzawa spider mite

俗名： 紅蜘蛛、紅蝨

病徵

受害嫩葉的葉面，初期呈淡黃綠色斑點，嚴重時葉片畸形，葉尖朝上，容易脫落，茶芽停止生長。受害之成葉葉背呈赤褐色，葉面無光澤。

發生生態

在室內飼養一年可繁殖 21 代，臺灣北部茶區以夏、秋季發生高峰；中部及東部茶區以春、冬兩季發生高峰。多棲息於葉背危害，冬季多棲息在茶叢內老葉上，隨茶樹萌芽遷移危害嫩葉。

防治方法

1. 冬季進行剪枝及清園，減少葉蟎越冬的棲息地。
2. 施行提早採茶，可減少葉蟎為害嫩葉的機會。
3. 利用釋放天敵如溫氏捕植蟎或基徵草蛉等降低田間害蟎密度，減少茶芽受害。
4. 化學防治：依據田間茶芽生長狀況，參考使用公告核准使用之防治藥劑。由於田間害蟎易生抗藥性，應常更換所使用的藥劑（第七章）。
   (1) 農藥資訊服務網／登記管理／病蟲害防治／作物分類名稱：茶類／山茶科茶類／茶 茶葉；病蟲分類名稱／蟎類。
   (2) 植物保護資訊系統。

參考文獻

蕭建興。2004。植物保護圖鑑系列 4- 茶樹保護。p.58-59。行政院農業委員會動植物防疫檢疫局。

蕭素女。1998。茶園常見病蟲害防治手冊。p.43-45。行政院農業委員會茶業改良場。

神澤氏葉蟎主要棲息在葉背。

神澤氏葉蟎危害嫩葉呈淡黃綠色斑點。

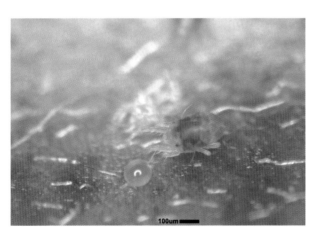

神澤氏葉蟎成蟎與卵。

神澤氏葉蟎危害嫩葉呈淡黃綠色
斑點。

123

三十五、茶葉蟎

學名： *Oligonychus coffeae* Nietner

英名： Tea red spider mite

俗名： 茶紅蜘蛛、咖啡小爪蟎

病徵

茶葉蟎在茶樹葉面結細網，並在網下活動取食葉片，被危害後在葉面呈現銹褐色，嚴重被害時，則造成葉片脫落，使茶樹無法行光合作用，造成樹勢減弱，進而影響茶菁產量。

發生生態

在室內飼養一年可繁殖 22 代，各發育期周年可見，但以秋季或天氣乾燥時，發生密度最高且危害較烈，本蟎多棲息於老葉葉面危害。卵產於葉正面，且多在葉脈兩側及凹陷處。幼蟎善於爬行，且能吐絲隨風飄移。天敵中有小黑瓢蟲（*Stethorus picipes*）及小黑隱翅蟲（*Oligota oviformis*）等，對其族群的發生有抑制作用。

防治方法

1. 茶園增設噴灌設施，可減少茶葉蟎發生的密度。

2. 利用釋放如溫氏捕植蟎或基徵草蛉等天敵，以降低田間害蟎密度，減少茶芽受害。

3. 化學防治：依據田間茶芽生長狀況，參考使用公告核准使用之防治藥劑。由於田間害蟎易生抗藥性，應常更換所使用的藥劑（第七章）。

   (1) 農藥資訊服務網／登記管理／病蟲害防治／作物分類名稱：茶類／山茶科茶類／茶 茶葉；病蟲分類名稱／蟎類。

   (2) 植物保護資訊系統。

參考文獻

唐美君、肖強。2018。茶樹病蟲及天敵圖譜。p. 129。中國農業出版社。

蕭建興。2004。植物保護圖鑑系列 4- 茶樹保護。p.60-61。行政院農業委員會動植物防疫檢疫局。

蕭素女。1998。茶園常見病蟲害防治手冊。p.45-47。行政院農業委員會茶業改良場。

茶葉蟎危害葉片造成葉面呈赤褐色。

茶葉蟎主要危害成熟葉葉面。

茶葉蟎成蟎。

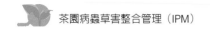

三十六、錫蘭偽葉蟎

學名：	*Brevipalpus obovatus* Donnadieu
英名：	Scarlet mite、Privet mite
俗名：	錫蘭茶蜘蛛、錫蘭偽蟎、紅蜘蛛、卵形短須蟎

病徵

　　本蟎多寄生於葉片基部靠近葉柄處，逐漸向葉背全葉蔓延，被害葉背呈暗灰褐色，嫩葉呈黃褐色，嚴重時葉背呈黃褐色，葉片硬化向內曲折，終至落葉。主要危害成熟葉或老葉，危害幼木時，易使茶樹落葉，且有發育不良及枝條枯死等現象，不僅影響茶樹生育，亦間接影響產量，且茶樹容易衰老。

發生生態

　　在室內飼養一年可繁殖 11 代，1962-1963 年調查，被害茶區分布占總面積之90%，1970 年更高達 95%，7-9 月為發生高峰期，其次是 5-6 月及 10 月，田間發生消長隨氣候變化而異，如強烈颱風吹掃可以減少 85% 之族群密度，晚春氣溫低或長期梅雨都可壓制族群數量，減少其發生。以臺地茶園發生較為嚴重，幼木茶園或中深剪枝後茶園尤其容易受害，造成被害茶樹會落葉、茶葉發育不良及枝條枯死。茶樹品種以青心大冇、青心烏龍受害最嚴重，其行動緩慢，多寄生於成葉葉背，嫩枝幼枝腋也偶爾寄生，天氣乾旱炎熱時應多注意檢查葉背。雌成蟎喜歡產卵於葉背低凹處或裂縫間，卵散產成堆狀。

防治方法

1. 如果茶園曾經嚴重發生過，應在冬季剪枝後立即把剪除之枝葉集中燒毀，然後全面噴施殺蟎劑，防除越冬之害蟎。
2. 為了使藥液能均勻接觸到葉背及茶叢內部，應盡量疏剪不必要或匍匐在地上之裙枝，噴藥時由下朝上或由茶叢兩側向內噴藥，以提高防治效果。
3. 為了安全起見防治茶樹害蟎，應著重 10-11 月及 2 月間進行防治，以確保

春茶收穫量與品質。

4. 危害嚴重時，須同時清除茶園內或周邊之雜草。

5. 化學防治：依據田間茶芽生長狀況，參考使用公告核准使用之防治藥劑。由於田間害蟎易生抗藥性，應常更換所使用的藥劑（第七章）。

  ⑴ 農藥資訊服務網／登記管理／病蟲害防治／作物分類名稱：茶類／山茶科茶類／茶 茶葉；病蟲分類名稱／蟎類。

  ⑵ 植物保護資訊系統。

參考文獻

曾信光。2004。植物保護圖鑑系列 4- 茶樹保護。p.62-64。行政院農業委員會動植物防疫檢疫局。

蕭素女。1998。茶園常見病蟲害防治手冊。p.47-49。行政院農業委員會茶業改良場。

▍錫蘭偽葉蟎自葉片基部及葉柄開始危害。

▍錫蘭偽葉蟎危害葉柄及莖部。

▍錫蘭偽葉蟎成蟎。

三十七、茶細蟎

學名：　*Polyphagotarsonemus latus* Banks
英名：　Broad mite
俗名：　紅蜘蛛、茄科細蟎、多食細蟎、側多食跗線蟎

病徵

　　僅危害茶樹幼嫩芽葉部位，不危害成熟葉，受害幼葉呈褐色，受害處硬化變形變厚，葉尖扭曲畸形，芽葉萎縮。成蟎隨著茶芽生長往上遷移寄生，喜歡棲息絨毛多之嫩芽，產卵在葉背絨毛下，分散於茶芽，幼葉各部位葉片成熟硬化後棲息及減少。

發生生態

　　在室內飼養一年可繁殖 52 代，由於無吐絲特性，因而藉風傳播機會較小，族群 5-11 月發生最高峰，7-8 月及 12 月次之；臺灣北部 1-3 月低溫多雨是茶細蟎繁殖最弱時期，也是田間族群最低之月份。以雌成蟎在茶芽葉內或葉柄處越多。卵單獨散生於芽尖和嫩葉葉背。幼蟎趨嫩性很強，會隨芽梢的生長向幼嫩組織移動。

防治方法

　　請參考神澤氏葉蟎防治方法。

參考文獻

　　曾信光。2004。植物保護圖鑑系列 4- 茶樹保護。p.65-66。行政院農業委員會動植物防疫檢疫局。

　　蕭素女。1998。茶園常見病蟲害防治手冊。p.49-50。行政院農業委員會茶業改良場。

▍ 茶細蟎危害幼嫩芽葉部位。

▍ 茶細蟎危害幼嫩芽葉呈銹褐色。

▍ 茶細蟎與卵。

▍ 茶細蟎。

三十八、桔黃銹蟎

學名： *Acaphylla steinwedeni* Keifer

英名： Pink tea rust mite、Pink mite

俗名： 桔黃銹蜘蛛、桔黃節蟎、銹壁蝨、斯氏尖葉節蟎

病徵

　　桔黃銹蟎多棲息於嫩葉的背面危害，亦可棲息於幼梢及芽危害，受害葉片具暗褐色細點，葉片向內捲曲。成蟎期隨茶芽伸長而往上爬行寄生新芽為其尋找產卵處所，但受害處均同時有成蟎、幼蟎、卵等期，棲群密度最大，從芽到第 4 節，受害部呈暗黃褐色，並具有如侵害之類似傷痕，高乾旱時期發生嚴重，一年中以 7、8、9 月密度最高。

發生生態

　　在室內飼養一年可繁殖 28 個世代，以夏、秋兩季危害較嚴重，田間以大葉種茶樹受害較嚴重。桔黃銹蟎以卵、幼蟎、若蟎及成蟎在葉背越冬。本害蟲行孤雌生殖，卵散生於嫩葉背面，尤其在葉脈凹陷處。

防治方法

1. 施行提早採茶，可減少嫩葉背危害的機會。
2. 茶園增設噴灌設施，可減少銹蟎發生的密度。
3. 化學防治：請參考神澤氏葉蟎防治方法。

參考文獻

　　唐美君、肖強。2018。茶樹病蟲及天敵圖譜。p.123。中國農業出版社。

　　蕭建興。2004。植物保護圖鑑系列 4- 茶樹保護。p.67-68。行政院農業委員會動植物防疫檢疫局。

　　蕭素女。1998。茶園常見病蟲害防治手冊。p.52-53。行政院農業委員會茶業改良場。

▎ 銹蟎成蟎（橘）及若蟎（白）會同時發生。

三十九、茶紫銹蟎

學名： *Calacarus carinatus* Green

英名： Purple tea mite

俗名： 紅蜘蛛、龍首麗節蜱

病徵

茶紫銹蟎在葉面取食，吸食成葉汁液，大發生時幼嫩葉片亦會受害，受害葉面呈銹褐色，密度高時肉眼可見葉面布滿白色的蟎類蛻皮，嚴重時茶樹全株變色，最後葉片乾枯而脫落。

發生生態

雌成蟎可行孤雌生殖，卵散生葉片正反面，平均一隻雌蟎產 5-6 粒卵，最多可產 18 粒。幼蛻皮一次成為若蟎，再經一次蛻皮成為成蟎，卵期 8-9 月約 3-4 日，1-2 月約 15 日。幼期 9 月約 2.5 日，若蟎期約 1.5 日，1 月間幼若蟎期各約 5 日；成蟎壽命於 8-9 月約 13 日，12-1 月約 36 日。雌蟎於 8-9 月完成一世代約需 20 日，1-2 月約需 50 日。

茶紫銹蟎在 6-10 月密度較高，其發生受雨量及溫度而影響，冬季及雨天時躲藏在葉背或茶欉內之遮蔽處棲息，95% 以上取食成葉，幼葉受害較少。

防治方法

請參考錫蘭偽葉蟎防治方法。

參考文獻

蕭素女。2004。植物保護圖鑑系列 4- 茶樹保護。p.69-70。行政院農業委員會動植物防疫檢疫局。

蕭素女。1998。茶園常見病蟲害防治手冊。p.51-52。行政院農業委員會茶業改良場。

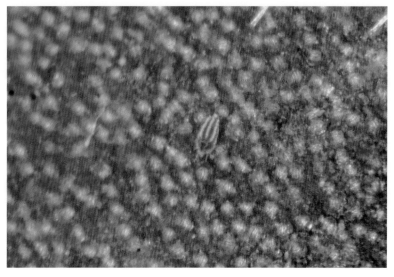
▎茶紫銹蟎成蟎。

07

茶樹蟲、蟎害化學防治

林秀榮 / 茶業改良場

茶園核准登記使用殺蟲、蟎劑一覽表

安全採收期	農藥名稱（普通名）	作用機制（IRAC）²	稀釋倍數	茶小綠葉蟬	蟎翅目幼蟲（包括茶蠶、捲葉蛾類、茶避債蛾類、茶尺蠖蛾類、茶毒蛾類、夜蛾類、刺蛾類、燈蛾類、小白紋毒蛾）	葉蟎類	介殼蟲類
	3% 蘇力菌可溼性粉劑	11	2,000		● 1. 盡量在幼齡時期施藥。 2. 發生茶叢行局部施藥。		
	23.7% 蘇力菌可溼性粉劑	11	2,000		● 1. 盡量在幼齡時期施藥。 2. 發生茶叢行局部施藥。		
	54% 鮎澤蘇力菌 NB-200 水分散性粒劑	11	1,000		●		
﹣	95% 礦物油乳劑[4]（窄域油）	FRAC[3]-NC	200			●	●
	97% 礦物油乳劑	FRAC-NC	500			●	●
	99% 礦物油乳劑	FRAC-NC	200			●	●
	52% 可溼性硫黃水懸劑	un	250		（冬季使用）	●	
	75% 可溼性硫黃可溼性粉劑	un	375		（冬季使用）	●	
	80% 可溼性硫黃水分散性粒劑	un	400		（冬季使用）	●	
	80% 可溼性硫黃可溼性粉劑	un	400		（冬季使用）	●	
	1% 密滅汀乳劑	6	1,000			●	
	10% 芬普寧可溼性粉劑	3A	1,000				
6 天	10% 芬普寧乳劑	3A	2,000	●			
	50% 培丹水溶性粉劑	14	1,000	●			
9 天	25% 沐芬隆水懸劑	12A	750			●	
	50% 沐芬隆可溼性粉劑	12A	1,500			●	

（續）

安全採收期	農藥名稱（普通名）	作用機制（IRAC）²	稀釋倍數	茶小綠葉蟬	鱗翅目幼蟲（包括茶蠶、捲葉蛾類、茶避債蛾類、茶尺蠖蛾類、茶毒蛾類、夜蛾類、刺蛾類、燈蛾類、小白紋毒蛾）	薊馬類	粉蝨類	葉蟎類
9天	50% 汰芬隆水懸劑	12A	1,500					●
	10% 依殺蟎水懸劑	10B	4,000					●
	2.4% 第滅寧水懸劑	3A	3,000		●			
	2.8% 第滅寧乳劑	3A	3,000		●			
	2.8% 第滅寧水基乳劑	3A	3,000		●			
	5% 護賽寧乳劑	3A	1,600	●				
	5% 護賽寧溶液	3A	1,600	●				
	1% 賽洛寧可溼性粉劑	3A	400、700	●	●			
10天	2.46% 賽洛寧膠囊懸著劑	3A	1,000、2,000	●	●			
	2.8% 賽洛寧水懸劑	3A	1,000、2,000	●	●			
	2.8% 賽洛寧乳劑	3A	1,000、2,000	●	●			
	2.5% 賽洛寧微乳劑	3A	1,000、2,000	●	●			
	5% 賽洛寧水分散性粒劑	3A	2,000、3,500	●	●			

（續）

安全採收期	農藥名稱（普通名）	作用機制（IRAC）[2]	稀釋倍數	茶小綠葉蟬	鱗翅目幼蟲（包括茶蠶、捲葉蛾類、茶避債蛾類、茶尺蠖蛾類、茶毒蛾類、反蛾類、刺蛾類、螢蛾類、小白紋毒蛾）	薊馬類	粉蝨類	葉蟎類
	5.87% 腸諾特水懸劑	5	1,000		●			
	11.7% 腸諾特水懸劑	5	1,600		●	●		
	9.6% 益達胺溶液	4A	2,000			●	●	
	9.6% 益達胺水懸劑	4A	3,000	●		●		
	18.2% 益達胺水懸劑	4A	2,000	●	請注意意濃度及稀釋倍數	●	●	
	28.8% 益達胺溶液	4A	3,000	●	請注意意濃度及稀釋倍數	●	●	
	20% 亞滅培水溶性粉劑	4A	4,000	●	請注意意濃度及稀釋倍數	●	●	
12 天	2.15% 因滅汀乳劑	6	6,000	●	●	●		
	20% 畢達本水懸劑	21A	6,000		避免開花期使用			●
	20% 畢達本可溼性粉劑	21A	9,000					●
	4% 畢汰芬水懸劑	21A	4,000					●
	5% 芬普蟎水懸劑	21A	2,000					●
	15% 脫芬瑞水懸劑	21A	1,500			●		

（續）

安全採收期	農藥名稱（普通名）	作用機制（IRAC）[2]	稀釋倍數	茶小綠葉蟬	鱗翅目幼蟲（包括茶蠶、捲葉蛾類、茶避債蛾類、茶尺蠖蛾類、茶毒蛾類、夜蛾類、刺蛾類、燈蛾類、小白紋毒蛾）	薊馬類	粉蝨類	葉蟎類
12 天	15% 脫芬瑞乳劑	21A	1,500			●		
	39.5% 扶吉胺水懸劑	FRAC - C5, 29	2,000					●
	2% 阿巴汀乳劑	6	2,000					●
	2% 阿巴汀水基乳劑	6	2,000					●
	10% 百滅寧乳劑	3A	2,000		●			
	10% 百滅寧水基乳劑	3A	2,000		●			
	10% 百滅寧可溼性粉劑	3A	2,000		●			
14 天	3.5% 魚藤精乳劑	21B	250-500		●（針對茶蠶） ●（針對茶毒蛾類、夜蛾類）			
	11.6% 腸諾殺水懸劑	5	2,000		●（針對茶毒蛾類、夜蛾類）			
	3% 阿納寧可溼性粉劑	3A	1,500		殺卵效果欠佳	●		
	10% 芬殺蟎乳劑	21A	2,000					●
	15% 芬殺蟎水懸劑	21A	2,500					●
	18.3% 芬殺蟎水懸劑	21A	3,000					●
	30% 賽派芬水懸劑	25A	5,000					●
	2.5% 畢芬寧水懸劑	3A	2,000	●	●			●（葉蟎母葉發生達 3-5 隻時開始施藥，最多 2 次）
	2.8% 畢芬寧乳劑	3A	2,000	●	●			●（葉蟎母葉發生達 3-5 隻時開始施藥，最多 2 次）
15 天	5% 合芬寧膠囊懸著液（目前無此劑型含量之許可證）	3A	1,000	●				●

（續）

安全採收期	農藥名稱（普通名）[2]	作用機制（IRAC）[2]	稀釋倍數	茶小綠葉蟬	鱗翅目幼蟲（包括茶蠶、捲葉蛾類、茶避債蛾類、茶尺蠖蛾類、茶毒蛾類、夜蛾類、燈蛾類、小白紋毒蛾、茶細蛾類）	薊馬類	粉蝨類	葉蟎類	椿象類
	5% 克福隆乳劑	15	2,000		●				
	11.78% 布芬第滅寧水懸劑	16+3A	1,000	●					
	11.78% 布芬第滅寧乳劑	16+3A	1,000	●					
15天	20% 賽芬蟎水懸劑	25	2,000					●	
	20% 達特南水溶性粒劑	4A	3,000	●					
	9.6% 氟芬隆水分散性乳劑	15	2,000		●				
	100 G/L 氟芬隆水分散性乳劑	15	2,000		●				
	40% 布芬淨水懸劑	16	2,000				●		
	5% 賽扶寧水基乳劑	3A	2,000	●					
18天	3% 亞滅寧水基乳劑	3A	1,000	●					
	3% 亞滅寧乳劑	3A	1,000	●	●	●			●
	10% 得芬瑞可溼性粉劑	21A	3,000					●	
	10% 氟尼胺水分散性粒劑	29	3,000				●		
21天	16% 可尼丁水溶性粒劑	4A	4,000	●					
	22% 美氟綜水懸劑	22B	1,500		●				
	10% 賽速安水溶性粒劑	4A	2,000	●			●		●
	25% 賽速安水溶性粒劑	4A	5,000、7,500						●

（續）

安全採收期	農藥名稱（普通名）	作用機制（IRAC）[2]	稀釋倍數	茶小綠葉蟬	茶蟎	捲葉蛾類	避債蛾類	尺蠖蛾類	茶毒蛾類、夜蛾類	刺蛾類、燈蛾類
21天	24.7% 賽速洛寧膠囊水懸混劑	4A+3A	4,000	●						●
	39.5% 加保利水懸劑	1A	<u>6</u>	●	●					
			250				●	● 需加裝低容量噴霧裝置[5]		●
			400			●				
			600						●	●
	40% 加保利水懸劑	1A	<u>6</u>	●	●					
			250				●	● 需加裝低容量噴霧裝置[5]		●
			400			●				
			600						●	●
	44.1% 加保利水懸劑	1A	<u>8</u>	●	●					
			300				●	● 需加裝低容量噴霧裝置[5]		●
			450			●				
			700						●	●
	50% 加保利可溼性粉劑	1A	<u>10</u>	●	●					
			300				●	● 需加裝低容量噴霧裝置[5]		●
			500			●				
			800						●	●
	85% 加保利可溼性粉劑	1A	<u>15</u>	●	●					
			500			●	●	● 需加裝低容量噴霧裝置[5]		●
			850						●	●
	30% 撲芬松乳劑	1B+3A	1,350	●						
	30% 撲芬松基水基乳劑	1B+3A	1,000	●						
			1,000	●						

（續）

安全採收期	農藥名稱（普通名）	作用機制（IRAC）[2]	稀釋倍數	茶小綠葉蟬	鱗翅目幼蟲（包括茶蠶、捲葉蛾類、茶遲蛾類、茶尺蠖蛾類、茶毒蛾類、夜蛾類、小白紋毒蛾、蛾類、燈蛾類）	薊馬類	盾介殼蟲類	粉蝨類	葉蟎類	蟎蟥（雞母蟲）
	25% 納乃得水溶性粉劑	1A	800	●						
	40% 納乃得水溶性粉劑	1A	1,500	●						
	40% 納乃得水溶性粒劑	1A	1,500	●						
	40% 納乃得水溶性粉劑 - 水溶性袋裝	1A	1,500	●						
	40% 加保扶利利可溼性粉劑	1A+3A	2,000	●						
	50% 加福松乳劑	1B	1,000		●（盡量往害蟲幼齡時期施藥）					
	2.5% 陶斯松粉劑	1B	5公克/株							●
21天	40.8% 陶斯松乳劑	1B	1,000				●			
	40.8% 陶斯松水基乳劑	1B	1,500				●			
	60% 大利松乳劑	1B	400			●				
	15% 賜派滅水分散性油劑	23	3,000					●		
	100 G/L 賜派滅水懸劑	23	2,000					●		
	25% 蟎離丹可溼性粉劑	UN	1,000						●	
	10% 克凡派水懸劑	13	1,000						●	
	30% 賜派芬水懸劑	23	2,500						●	
	10.2% 賽安勃濃懸乳劑	28	3,000		●					
	240 G/L 賜滅芬水懸劑	23	2,000						●	

2.5% 陶斯松粉劑：限幼木（1-3 年生）使用；施藥時將樹幹下表土向左右耙開各 15 公分寬，深 10 公分之條溝，將規定藥量加適量細砂均混勻撒布後覆土。

◎資料來源：行政院農業委員會動植物防疫檢疫局農藥資訊服務網（https://pesticide.baphiq.gov.tw/web/），更新至 2020.10.31。

註 1 藥劑為衛生福利部所列得所得免訂免訂殘留容許量之農藥，故無建議安全採收期。

註 2 藥劑作用機制為殺蟲劑抗藥性行動委員會（IRAC, Insecticide Resistance Action Committee）將殺蟲劑依其活性成分及作用方式的不同，給予不同的編碼。

註 3 藥劑作用機制為殺菌劑抗藥性行動委員會（FRAC, Fungicide Resistance Action Committee）將殺菌劑依其活性成分及作用方式的不同，給予不同的編碼。

註 4 雖無安全期但最好在使用 10 天後製茶，才不會有異味殘留。

註 5 低容量施布：
(1) 使用共立動力微粒噴霧機，加裝早齒牌低容量噴霧裝置，使用 3 號噴嘴（6,000 迴轉數以上）噴灑之。
(2) 在無風及微風時施藥、茶樹採摘面應力求整齊（水平）。
(3) 施藥時人行方向與風相垂直、必須順風相噴射，噴槍保持略向上揚，其有效噴射程約為 5-6 公尺，在噴射時行行走速度每分鐘 25-35 公尺。

08

茶園常見雜草

林秀鑾／茶業改良場

一、禾本科

▍ 牛筋草（*Eleusine indica* L. Gaertn.）

▍ 早熟禾（*Poa annua* L.）

二、闊葉草

▍ 大花咸豐草（*Bidens pilosa* L. *var. radiata* Sch. Bip.）

▍ 咸豐草（*Bidens pilosa* L.）

▍ 黃鵪菜（*Youngia japonica* (L.) DC.）

▍ 紫花酢漿草（*Oxalis corymbosa* DC.）

洋商陸（*Phytollaca americana* L.）

刺莧（*Amaranthus spinosus* L.）

昭和草（*Crassocephalum crepidioides* (Benth.) S. Moore）

野莧（*Amaranthus viridis* L.）

粉黃纓絨花（*Emilia praetermissa*）

金腰箭舅（*Calyptocarpus vialis* L.）

假吐金菊（*Soliva sessilis* Ruiz & Pav.）

匙葉鼠麴草（*Gnaphalium pensylvanicum* (Willd.)）

田野水蘇（*Stachys arvensis*）

老鸛草（*Geranium wilfordii* Maxim.）

紫背草（*Emilia sonchifolia* (L.) DC. ex Wight）

土人參（*Talinum paniculatum*）

▊ 馬蹄金（*Dichondra repens* Forst）

▊ 蛇莓（*Duchesnea indica* (Andr.) Focke）

▊ 龍葵（*Solanum nigrum* L.）

▊ 雷公根（*Centella asiatica* L.）

▊ 紫花藿香薊（*Ageratum houstonianum* M.）

▊ 玉珊瑚（*Solanum pseudocapsicum* L.）

野茼蒿（*Conyza sumatrensis* (Retz.) Walk）

菝契（*Smilax china* L.）

節節花（*Alternanthera nodiflora* R.Br）

構樹（*Broussonetia papyrifera* (L.) Vent.）

雞屎藤（*Paederia foetida* L.）

粗毛小米菊（*Galinsoga quadriradiata* Ruiz & Pav.）

火炭母草（*Polygonum chinense* L.）

小團扇薺（*Lepidium virginicum* L.）

小花咸豐草（*Bidens pilosa* L. var. *minor*）

竹仔草（*Commelina diffusa* Burm. f.）

三、莎草科

單穗水蜈蚣（*Kyllinga nemoralis* (J. R. Forst. & G. Forst.) Dandy ex Hutch. & Dalziel）

09

茶園雜草整合管理

蔣永正 / 農業藥物毒物試驗所

林秀鑾、陳柏蓁 / 茶業改良場

　　雜草防治策略之首要工作為問題雜草的確認及分布調查，如防除發生在多年生作物田內之多年生雜草時，使用化學藥劑會較耕作防除有效，因為後者可能會加速多年生雜草營養繁殖體之散布。但雜草管理為作物生產體系之一環，應避免進行任何會干擾作物生長之防除措施。

　　茶園雜草管理以使用除草劑配合人工割草，或機械除草等方式最為普遍，每年約進行 3-5 次，持續定期的執行田面雜草管理工作，才能達到抑制雜草再生之全面效果，尤其在作物栽培之前需先徹底壓制田區內多年生雜草族群。一般萌前除草劑可用為延緩雜草萌芽，茶樹行間雜草可使用除草劑配合中耕等作業防除。其他覆蓋塑膠布、有機資材、植物殘質或人工種植、選留草生草等，亦為配合田間實際狀況可加以選擇運用之不同雜草管理方式。

　　茶園雜草的防除亦須配合氣候變化及地勢分布。雨季來臨前以人工或機械除草，控制生長旺盛之禾草類；坡地茶園內常保留矮生藤類，以所發出之嫩葉為草生栽培；雨季結束前則除去即將開花結子之闊葉草；通常在春茶前、中耕除草後且雜草尚未萌發前，行畦間噴施，或草量過高時施用殘效短之除草劑，以降低人工或機械除草所增加之工資成本。但需注意長期重複使用同種類之除草劑，易導致耐性草成為優勢草。

一、茶園化學除草技術

　　茶園中除人工植草或選留草生草種之特殊情況外，大多數雜草都需進行防除。一般茶園內雜草多生長在茶樹莖基附近，與枝葉著生部位有相當程度的距離，利用這種高度上的差異，噴施除草劑防除雜草，可達到較為安全有效的除草目的。

1. 茶園除草劑的選擇：茶園除草劑之選用需視田區草相及環境而定，地勢較高之茶園，要注意水土保持；一年生草或闊葉草較多之茶園，可選用接觸型藥劑；多年生草或禾本科草較多時，需用系統型除草劑；需要保留低矮小草生草之茶園，使用之除草劑殘效勿過長，避免抑制新草長出；若需長時間保持無草，可用殘效較長之藥劑。目前植保手冊在茶園雜草防除方面，登記有理有龍、達有龍、三福林等萌前藥劑，亞速爛、嘉磷塞、伏寄普等萌後藥劑可供推薦使用 (表一)。

表一、茶園核准登記使用殺草劑一覽表

農藥名稱 （普通名）	每公頃施藥量	稀釋倍數	施藥時期及方法	注意事項	防除對象
50% 理有龍可溼性粉劑	3.0 公斤	330	春茶前，中耕除草後雜草未發前，行畦間施藥。	1. 施藥之前，應將土塊打碎。 2. 最好於雨後施藥。	馬唐草、雀稗、鹿仔草、耳環草、生毛草、昭和草、鬼針草。
80% 達有龍水分散性粒劑	2.0 公斤	500	雜草萌芽前。		馬唐草、雀稗、鹿仔草、耳環草、生仔草、昭和草、鬼針草、狼尾草。
80% 達有龍可溼性粉劑	2.0 公斤	500			
37% 亞速爛溶液（目前無此劑型含量之許可證）	10 公升	100	雜草萌芽後。	用於平地成木茶園雜草。	馬唐草、雀稗、鹿仔草、耳環草、生毛草、昭和草、蕨貓草、牛筋草、狼尾草、稗草。
41% 嘉磷塞異丙胺鹽溶液	4-5 公升	100-120	開花前。	1. 繁密或有多種雜草時，可用較高藥量。 2. 不可噴及作物。 3. 施藥 5-7 天後見效。 4. 用清水稀釋勿用汙水。	巴拉草、香附子、茅草、大理草、雙穗雀稗、毛穎雀稗。狗牙根、舖地黍、冷飯藤、管草。
17.5% 伏寄普乳劑	1.0-1.5 公升	每公頃稀釋至 600 公升	禾本科雜草萌芽 3-6 葉或草高 10-20 公分時，將藥液均勻噴施雜草上。	1. 本藥劑試驗時加展著劑出來通（CS-7）2,000 倍噴施。 2. 在禾本科雜草發生較多地區使用。	升唐、圓果雀稗等禾本科草。
44.5% 三福林乳劑（目前無此劑型含量之許可證）	2 公升	500	中耕後。		

◎資料來源：行政院農業委員會動植物防疫檢疫局農藥資訊服務網（https://pesticide.baphiq.gov.tw/web/），更新至 2020.10.31。

2. 除草劑施用方法：

(1) 春、夏季除草：茶園雜草萌發的時間是 2-4 月之春季，隨田間溫度及溼

度而異。4-5 月份雜草長至 5-6 片葉，高度約 10-15 公分，此時田間大部分雜草已萌發，但尚未開花結子，爲除草劑使用的適當時機。但春季雜草發生快速，除草效果一般持續約 1、2 個月，多雨氣候下施藥，應考慮使用吸收快速之藥劑，才能適時發揮藥效。夏季溫度高雜草生長勢強，可選擇在雜草開花前使用除草劑，均勻噴施葉片至溼潤爲宜，以藥效持續期較長之除草劑爲優先考量。

⑵ 秋季除草：秋季茶園內多爲株形較大之雜草，很快即進入開花結子期，特別是多年生禾草之地下莖生物量大，但因葉片直立狹長，藥液吸收量少，除草效果一般較難發揮。可選用活性較強之系統性除草劑。秋季後天氣逐漸轉涼，田間溫度低，雜草生長速率相對減慢，使用除草劑除草後，能保持較長的控制期。

　　茶園使用化學藥劑較之人工除草爲優勢之處，包括多雨季節雜草恢復生長的比率低，使用藥劑之成本低，豪雨季節人工除草使表土疏鬆，易造成水土流失，坡地茶園尤爲嚴重。而化學除草由於促使根部腐爛導致土壤疏鬆，同時雜草枯死之殘質覆蓋於土表，有利水土保持。化學除草劑的殘效一般在 2-3 個月以上，比人工除草的控制時間要長，且安全性高。目前常用的茶園除草劑對茶葉品質應無不良影響，在遵循登記方法施用下，對環境之汙染小，人、畜安全性高。

二、草生栽培

　　茶園草生栽培即選留自生性雜草或以人工種植覆蓋植物、綠肥作物，使茶園表土保持草生狀態，適用於坡地、多雨區、土壤侵蝕嚴重地區，及缺乏有機質之輕土區。平臺面茶園亦可於行間種草，配合剪草機割草。適當之留草時期爲減少雨水沖刷及侵蝕之雨季，及雜草生長慢，植株低矮，對作物干擾及競爭少之冬季低溫期。栽植於坡面之茶園，以採草生栽培爲宜，可避免表土之沖刷及浸蝕，栽植於平臺面之茶園，可採清耕、覆蓋、草生栽培等多重選擇。選留之低矮匍匐性雜草以割草方式，或利用低劑量之除草劑如嘉磷塞控制其草量，管理方式需配合季節及作物生長時期而定。

1.　草生草之選擇：枝葉茂盛、株型低矮、節部可生根、根部固著力強，可減

低雨水沖刷與逕流、無攀緣性、無刺、不妨礙茶樹生長及園區管理作業、競爭性弱、根分泌物無毒害作用者，爲理想之地被植物。

茶園行草生栽培應先篩選茶園內原有之自生草種，依雜草生長情形及配合茶園肥培管理措施，進行人工割草或噴施適當之除草劑。自生草種就地利用沒有環境適應的問題，由茶園中選留適合爲地被植物的自生草類，降低其它不適合覆蓋利用的雜草族群，建立及養成可與茶樹共生以爲地表之長期覆蓋，減少除草劑的使用及表土的裸露。

建立自生草種之地被植物需先分辨及選留適合的草類，並配合長時間的培育及管理。菁芳草、雷公根、鵝兒腸、闊葉鴨舌黃舅、竹仔荣毛穎雀稗、黃花酢漿草、紫花酢漿草、山地豆，蓮子草、焊菜等爲適於低海拔茶園之地被植物。早熟禾、臺北水苦蕒、小酸模、薺菜、臺灣蛇莓、黃花酢漿草、貓葉菊、金錢薄荷等適合於中海拔茶園。株型低矮、具分枝性、分蘗性爲上述雜草之共同特性，於土表形成覆蓋後，不致干擾園區栽培管理之操作，由於爲當地自生植物，無生長過程中對生態環境適應性，及購買種子支付額外費用的問題。

苕子、多年生花生、青皮豆等爲草生栽培覆蓋極佳之一年生綠肥作物。可在 9-10 月雨季結束前撒播苕子，約 1 週左右萌芽，生長迅速短期間內即全面覆蓋園區地被，可抑制其他雜草的發生，梅雨季節可防止土壤流失。5 月開花，於 6、7 月高溫時枯死後敷蓋地面，尚可防止夏季旱害，腐爛後增加土壤有機質。苕子具柔軟之匍匐性莖蔓，生草量高達 100% 覆蓋，係秋播越冬之二年生綠肥作物，秋冬季使用苕子作爲園區地被覆蓋效果佳。只是近些年實地栽植後，發現有促使蟎類族群密度增加，影響作物生長之疑慮。

多年生花生可增進土壤中有機物的含氮量，改良土壤的物化性，因具深根性，可將心土養分移運於表土，供樹根吸收，增進肥力，易於覆蓋地面，具有水土保持功能，及防止雜草滋生。密植約 3 個月可達 90% 之覆蓋率，能有效抑制其他雜草的生長。

臺南改良場育成之「臺南育 7 號」及「臺南育 8 號」覆蓋大豆，生長勢旺盛、有機質與鮮草量高，對雜草抑制力強，耐病蟲害，與茶樹主要病蟲

害無共通性或寄主關係，覆蓋期長達 180 天以上不需掩施，秋作子實落粒後適當灌溉即可再生，作爲園區長期覆蓋之效果良好，具防止表土沖刷等功能。植體腐化後增加土壤有機質含量，改變土壤理化性質，增加土壤保水性及肥料利用率。

青皮豆係一年生綠肥作物，適合於春、夏、秋季播種栽培，約 5-7 天左右萌芽，莖枝柔軟繁茂具匍匐性，具園區覆蓋效果。抑制雜草滋生及防止土壤沖蝕流失，達到保水保肥，增加土壤肥力效果，青皮豆適用於夏季園區之草生栽培。

2. 草生栽培之管理：草生草種植初期，爲減少競爭，需定期施肥及割除其他雜草，割下之草可覆於樹木周圍。新墾茶園於整地前，應先將茅草等多年生宿根性雜草挖除，整地後撒播根系淺、草莖低矮、具匍匐性、被覆性強之本地草種，或放任雜草自然生長，在開花前利用割草機割除地上部，數年後成爲禾本科草或闊葉草之單一草相。

栽培初期之蔓性及匍匐性雜草應隨時注意勿纏繞幼樹，同時必需適時適量施氮肥，及加強病蟲害的防治。草生栽培區之表土水分含量較淨耕區少，故土層淺之茶園及幼齡樹，於草生栽培區易遭受旱害。雨季結束後需砍除雜草覆蓋地面保持水分。夏季高溫多雨時雜草生長迅速，可使用稀釋倍數高之接觸型藥劑，抑制雜草之過分生長。

坡地茶園選留之低矮匍匐性雜草，可以割草方式抑制其生長。幼齡茶樹植株，爲減少地被植物與其競爭養分和水分，根系分布範圍內之植物宜清除，行間之草生植物可以割草方式管理。雨季期間應保留適當地被植物，避免清耕造成土表裸露及表土沖刷。旱季期間使用藥劑或機械除草等方法，減少雜草消耗土壤水分。冬季期間氣溫低，地被植物生長緩慢，可放任自然生長。茶樹於春季氣溫回升後需供給充足養分，採用藥劑處理以減少園區內地被植物之競爭。

3. 實施草生栽培應注意事項：病媒寄生、水分與養分之競爭，及對土壤性質、品質與產量、耕作等之影響，爲採行草生栽培之前需思考之問題。茶樹植冠下栽培之覆蓋作物，需面對其他雜草養分及水分之競爭、照光不足等逆境，因此覆蓋作物需具有耐旱、耐陰等特性，同時對養分及水分之利

用及分配效率高，分枝多，再生力強之匍匐型蔓生植株。一般蔓生植株較直立形者易於適應環境的變化。

適合茶園草生栽培的覆蓋作物，選留草種之首要考量因素，為栽培容易且成活率高，不論是播種或扦插，如果能配合機械作業進行，可減少人工成本的支出，種子發芽後的成活率高，可減少補植的需求。總之生育期間所需投入之管理費用，應列入草種選拔之評估項目。

草生植物的生長速率亦為決定茶園草生栽培成功與否之關鍵。覆蓋作物因面對田間雜草的競爭，早期的生長速率非常重要，必須在其他雜草尚未萌發或成長前，即能快速達到地面覆蓋之一定比例，減少其他雜草的存活空間。初期生長快速的植物，具有生存之競爭優勢，可壓制或排除其他雜草的發生。

覆蓋厚度則與抑制其他雜草的生育及園區的管理作業有關。覆蓋度太薄無法有效壓制地面的其他高莖類雜草，太厚則會妨礙茶樹生長及田間管理作業。一般以 40-55 公分的覆蓋厚度為佳，可有效抑制禾草類及大多數闊葉雜草之長大，同時亦不至影響茶樹幼苗生育及田間管理作業。茶樹為多年生長期性作物，覆蓋作物的生育期不宜過短，多年生豆科植物在栽培管理及雜草防除的有效性上，不失為最佳的選擇。

覆蓋作物的病蟲害與茶園茶樹主要病蟲害，應無共同性或寄主的關係，以免互相感染危害，造成負面影響。覆蓋作物的選擇，應儘量避免需要額外噴施農藥才能達到栽培效果之品種。實施草生栽培之茶園，於生長季節之環境溫度會略為降低，微氣象的改變因而減輕病蟲害的發生。此外某些草種如紫花霍香薊提供了蟎類天敵之蜜源，間接達到防治蟎類之效果。

乾旱季節地被植物對土壤水分及肥料之競爭，颱風豪雨季節茶園裸露地面之土壤流失，及過高株型妨礙茶園之管理操作等，為草生栽培管理作業實際研擬時應考量之重要項目。至於除草劑方面，應限制長殘效藥劑在坡地茶園之使用。

三、其他雜草防治技術

　　將田面雜草翻埋至土中或鬆動雜草根部之耕犁除草，爲除草劑使用前之主要除草方式，切斷雜草之養分及水分，降低雜草競爭力，用於除去樹冠內根圈附近之雜草。另外使用植物殘質、稻殼、稻草、樹皮等有機物敷蓋，造成遮光、土溫升高也有抑制雜草生長之功能。有機物分解後增加土壤中之腐植質，樹勢較弱或土壤貧瘠之茶園，經常敷蓋樹皮等含碳率高之有機物。但在有機物分解過程中土壤氮素的消耗，宜增施適量氮肥避免茶樹缺氮。

1.　開墾或更新時應深耕翻土：在茶園開墾或更新時，利用挖土機等工具翻土，將表土層雜草種子、走莖及塊莖等營養器官、根部等翻入深層土壤中，以減輕日後雜草發生之程度。

　　　以動物及機械動力帶動之各式犁具，將田面雜草翻埋入土中或鬆動植株根系，可達到除草目的。種植前整地將田面雜草埋入土中，使雜草減少與茶苗之競爭。整地使用之犁具種類會造成雜草發生之差異，翻埋型犁具可將多年生雜草之地面走莖深埋土中，減少植株發生量；碎土型犁具則將走莖打斷，促使營養莖之散布及提供更佳之生育環境，容易發生更多雜草；中耕可鬆動表土將草根切斷，使一年生雜草幼苗枯死。使用農機具之先決條件爲田間須有足夠之行株距，供中耕機具之操作行走。由於機械易傷及茶樹，在茶樹植株附近之雜草，仍需用其它方法來防除。在雨季或土壤過溼狀況下，不適於中耕作業，且除草效果不理想。

2.　敷蓋：植物殘株、農林產品加工廢棄物、合成塑膠布膜及植體殘質敷蓋田面，可因遮光、升高土溫、殘株釋出剋他化合物、形成物理性障礙及競爭資源等作用，抑制雜草之萌發及生育。稻草是臺灣最常被利用之園區雜草植物性敷蓋材料。其它茶園常用之有機質敷蓋材料有穀殼、花生殼、乾蔗渣、塑膠布等，有機敷蓋資材敷蓋於茶樹行間時，其厚度以不超過 5 公分爲宜，因爲太厚會造成土壤通氣不良，雨季時還會有積水現象。根據研究報告，利用遮光度 75% 之黑色遮光網，在魚池茶區之幼齡茶園則有抑制茶園雜草約 90.8% 之雜草抑制率。茶園內冬季剪枝，或夏茶不採收所剪下之枝條，亦可充作敷蓋材料，分解腐爛後提供土壤有機質及作物生長所需之養分。

　　綠肥間作為干擾茶樹之光照強度，抑制部分雜草之發生。大多數綠肥作物為固氮植物，可提供茶樹氮肥，以矮性具匍匐之多年生植物或具優良自播性之一年生植物為佳。多年生如野生落花生、多刈型苜蓿等，冬季一年生綠肥有羽扇豆、埃及三葉草、苕子等；夏季綠肥作物則有田菁、青皮豆等。

茶樹行間種植草類有抑制其他雜草生長之功能。適於臺灣茶園種植之禾本科覆蓋植生草類，有百喜草、類地毯草、黑麥草。生長期短、矮生、莖葉柔軟、具匍匐性，為適當可選留之覆蓋草類，包括酢漿草、雷公根等。根據林等報告，在紅茶產製國家如印度，有機農法茶園都盡量利用空地進行綠化工作，主要是認為綠化有遮蔭、維持茶園適當微氣象如適溫、適溼等的好處，遮蔭樹尤其是固氮速生種類，有供給茶樹養分之優點，某些復育草類（rehabilitation grass）如瓜地馬拉草、苦勞豆、香茅草等，則有趨蟲之效果，有利茶園害蟲之綜合防治。

3. 擴大茶樹的自然遮蔭：擴大樹冠的採摘面為茶園之優良園相，利用來自樹冠之自然遮蔭，可有利抑制雜草在樹裡行間之繁茂生長。選用具萌芽整齊、生長快、具剋他性等競爭優勢之品種，及移植栽培、密植等栽培方法均可減少雜草之為害；利用培養健壯之樹勢，擴大樹冠遮蔭面積，使成株之茶樹行間空隙維持在 20-30 公分間，可自然形成遮蔭效果，則茶園田間所需除草之期間及次數減少；株行間之空隙遮蔽後，再發芽之雜草即難以建立。茶樹系多年生作物，不需經常耕犁翻動土壤，成木茶樹的樹冠幾乎可完全覆蓋地表，且根系發達，亦是一種良好的水土保持覆蓋作物之一。

4. 機械除草：生長於茶樹行間，會影響採摘作業及競爭養分之雜草，在株高未超過茶樹時，即要用割草機割除，亦可在施肥時利用中耕機一起打入土中，如此可兼具除草及施肥的效果。割草機系利用人力，或引擎驅動回轉體（刀片或硬塑膠線）切斷雜草，其效率遠高於人力鋤草。割草通常不會將雜草殺死，匍匐性或莖基部可產生芽體及分蘗之植物，被割過後短時間內可再生。背負式動力割草機，使用輕便，不受地形、土壤狀況、雜草大小之限制，廣用於清除茶園、田埂、溝渠及農路等場所之雜草。

四、有機茶園的雜草防治

　　與其它作物之有機栽培一樣，茶葉有機栽培之目的，為提供消費者健康之飲料，及保護良好之生態環境。有機茶園對雜草之管理，以生物防治、機械除草、覆蓋或敷蓋等模式來控制雜草的生長，主要之操作措施包括：

1. 清理茶園雜草：新墾或施行荒地土壤復耕之茶園，在茶樹種植前，對園區內雜草，特別是具有營養繁殖功能之植物根莖，必須徹底清除，如蕨類、白茅草等。對幼齡茶園，尤其要掌握在雜草未開花前予以適當管理。同時確實做到排除農用資材中夾雜雜草種子之預防性防治。

2. 茶園土壤覆蓋：以抑草蓆、作物莖稈、茶樹修剪後之枝葉進行土壤覆蓋，既能保持水分又可抑制雜草的萌發和生長。

　　茶園雜草防治之主要時期為幼齡期及剪枝後，其他時期因為茶樹有充分的遮蔭可抑制雜草之生長過密，對防治的需求因而相對降低。施行有機栽培之茶園，應充分掌握兩個原則；一為利用栽培措施營造雜草不易發生之環境條件，另一為考慮茶園的水土保持，以人工、機械除草或是利用敷蓋、種植覆蓋作物防止雜草之生長。

　　根據茶改場在有機栽培試驗結果顯示，長期以中耕除草模式經營之茶園，以當地之雜草生態相而言，優勢之雜草種多為耐陰性之闊葉草，如昭和草、霍香薊、野莧、咸豐草等，禾本科之草種較少，以人工及機械除草之有機農法區，除草次數要比使用除草劑之傳統農法多 1-2 次，且易導致樹冠下零星雜草之滋生。

結論

　　雜草在作物栽培體系中會持續性發生，快速的蔓延及過強的競爭力，對農業生產帶來明顯的衝擊，農民除草的無奈，可由「野草除不盡，春風吹又生」這句俗諺予以深刻體會。臺灣農業生產上所採用之雜草管理體系對除草劑有高度之依賴。傳統之栽培習慣常以除盡田園中之雜草為目標，這種觀念支配著實際田間防治方法及藥劑之使用。除成本及效果外，農田生產者較少考慮到雜草防治外之其他層面問題。實際上所有雜草防除的技術，均會減少不同雜草的侵害程度，若針對特定種類雜草的完全根除，不僅困難度高且需投入極為龐大之資源，對實際防除的效益也無

意義。雜草綜合管理爲整合及運用各種除草方法，並以監測及危害界限爲決定是否實施防治之依據。歐美國家所推展之綜合管理計畫，多以降低農藥使用量，減輕環境衝擊爲重要目標。在臺灣因不易取得相關之本土性資料，不易達到經濟有效之防治成效。因此著重在推動雜草管理而非除盡之理念及各別防除方法之改進，不啻爲落實安全用藥之最佳路徑。

10

茶樹非化學農藥防治資材介紹與應用

林秀鑾／茶業改良場

　　非化學農藥防治資材係利用非化學合成之防除病蟲草害物質，不限於有機農業可用的資材，部分合成的天然物質模仿物也都包含在內，主要原則為對人畜毒性低、對環境不良影響小的物質。永續農業經營為目前主要生產的概念，也就是耕作生產與環境保護並行，在此概念之下，非化學農藥防治資材即有相當的潛力，也是未來植物保護的趨勢。本篇簡介茶樹上病蟲害具有防治潛力的資材種類，全文內容，及其他已取證之生物農藥產品，及已公告之免登記植物保護資材種類等資訊，可上本場官網植物保護專區之「茶樹非農藥資材與應用」項下查詢（網址是 https://www.tres.gov.tw/view.php?catid=3249），或上行政院農業委員會動植物防疫檢疫局，及行政院農業委員會藥物毒物試驗所網站查詢。

　　以下針對目前可應用於茶樹病蟲害管理上之防治資材作相關介紹。

一、動物性資材：天敵，一般通稱天敵昆蟲，包含捕食性天敵與寄生性天敵

1. 赤眼卵寄生蜂：利用赤眼卵寄生蜂防治茶捲葉蛾，當蜂片變黑將要孵化時，將蜂片固定在葉片背面，蜂片面朝下。視捲葉蛾密度每月釋放 1-3 次，每公頃茶園每次釋放 100 片蜂片，最佳釋放時期為茶捲葉蛾成蟲出現時期。

2. 茶蠶卵寄生蜂：利用茶蠶卵寄生蜂防治茶蠶，茶蠶卵寄生蜂必須先在室內大量繁殖再釋放至茶園，釋放時機為春秋萌芽 10 日後，一分地約釋放 100 隻雌成蟲即可有效降低茶蠶密度。

3. 溫氏捕植蟎：葉蟎之密度在每片葉上平均為 1 隻以上時，即需釋放捕植蟎，每公頃每年合計釋放 20-30 萬隻為宜。

4. 基徵草蛉：主要防治茶樹上小型害蟲及害蟎。把草蛉卵片在幼蟲孵化後，放置在茶樹上，幼蟲會自行分散，捕食小型害蟲或害蟎。草蛉卵之釋放數量約為每公頃 5 萬粒，每月 1-2 次。

5. 小黑花椿象：可捕食多種小型害蟲，包括薊馬、葉蟎類、蚜蟲及粉蝨等。害蟲發生時，將椿象與包裝袋內可腐化填充物均勻散布於茶樹上加以釋放，椿象即遊走並隱沒在茶樹中搜尋獵物。每 7-10 天釋放一次，至少 2 次。

6. 黃斑粗喙椿象：主要捕食對象為蛾類幼蟲，若蟲 2、3 齡後釋放田間防治害蟲，在天氣良好無露水時釋放，冬季在早上 9 點後釋放為宜。

7. 瓢蟲：主要捕食對象為蚜蟲、介殼蟲和葉蟎等小型害蟲。瓢蟲成蟲遷移能力強，且能在短時間內大量繁殖，對於高密度之害蟲有良好之防治效率。

8. 螳螂：可防治蛾類等體型較大之茶園害蟲。螳螂具有捕食量大、捕食時間長、食蟲範圍廣等優點，只要是活蟲幾乎都吃。

二、植物性資材

1. 植物油：油類施用後接觸到蟲體，使體表氣孔阻塞，產生窒息作用；也可能進入幼蟲體內，影響正常代謝，產生毒性；此外，施於葉表上之油膜可阻礙昆蟲正常取食，對於蚜蟲、葉蟬等有阻食效果。

   ⑴ 苦楝油：一般用於蚜蟲、粉蝨、介殼蟲、鱗翅目幼蟲及葉蟎防治。須注意噴施前藥液要充分攪拌混合，且敏感性作物、小苗或未確認是否會產生藥害時，應先進行小面積施用，確定對作物無害後，才能進行大範圍施用，儘量於清晨或傍晚使用。

   ⑵ 大豆油：經乳化後可防治茶葉蟎、神澤氏葉蟎等害蟎類。須注意大豆油經乳化後現配現用，且需噴灑到害蟎才會有效果。

2. 精油類：主要作為忌避劑、忌食劑或殺菌劑等，常見的有樟腦油、香茅油等，其他還包括薄荷、茴香、八角等精油在高濃度下對蚜蟲有致死效果，但精油類濃度使用不慎都會造成植物藥害，故建議小範圍施用，測試其藥效及是否產生藥害後再行大範圍施用。

3. 植物浸出液：

   ⑴ 菸草葉：殺蟲成分為菸鹼（又名尼古丁），對昆蟲具有胃毒、接觸毒及燻蒸毒之作用機制，主要防治蚜蟲、薊馬等小型刺吸式口器害蟲。將菸草葉片直接浸泡水中（約 50 倍稀釋），靜置過夜隔天即可施用。噴施菸草浸液需穿戴防護用具。

   ⑵ 辣椒、大蒜：此類辛香料浸出液主要為驅離害蟲的功用，對於活動力較強之害蟲如葉蟬、薊馬效果較差，對活動力較弱之害蟲如蚜蟲、粉蝨、

介殼蟲之防治效果較好。惟施用後須注意藥害及異味殘留的問題，建議施用於茶樹上 10 天後再採收。

4. 植物皂素：以下介紹皂素成分高的兩種植物，對於蝸牛等軟體動物的防治效果很好，但須注意對其他魚類及水生動物毒性亦高，須注意使用。皂素在水中經過數日就會分解，經分解後即無毒性，只要適當的使用及施用量，可算是對環境安全的物質。

    ⑴ 無患子：

        a. 殺螺劑：無患子所含之皂素溶解水中，利用其對於水生動物毒性，使福壽螺死亡。

        b. 殺蟲劑：利用其所含皂素與油脂結合作用，與昆蟲直接接觸後，破壞昆蟲體壁，達殺蟲效果。

        c. 乳化劑：製作天然成分的殺蟲劑，如植物油等，添加無患子油後可達乳化效果，以便製成品可以稀釋使用。

    ⑵ 苦茶粕：為油茶茶籽榨油後之殘渣，可作為有機肥，又所含的皂素可破壞福壽螺的黏膜，導致福壽螺死亡，達防治效果。

三、礦物性資材

1. 礦物油，目前已核准登記於茶樹葉蟎類防治，其作用機制包括：

    ⑴ 成蟲或幼蟲或其卵的表面被礦物油堵塞或覆蓋後，使氣體無法有效交換，進而窒息死亡。

    ⑵ 干擾或忌避產卵行為。

    ⑶ 干擾或忌避取食行為。

    購買資訊：請上防檢局農藥資訊服務網查詢，https://pesticide.baphiq.gov.tw/web/Insecticides_MenuItem5_3.aspx。

2. 硫黃：80% 硫黃水分散性粒劑、80% 可溼性硫黃粉劑等可防治茶樹銹蟎。

四、微生物資材

蘇力菌

1. 防蟲機制：殺蟲活性主要來自菌體中伴胞晶體蛋白（insecticidal crystal protein, ICP），此蛋白具有毒性，當晶體在昆蟲腸道中高鹼性腸液和蛋白質分解攜作用下，被分解成原毒素，再活化成毒素。具活性的毒素和昆蟲中腸壁上皮細胞結合，使細胞被破壞，造成昆蟲腸道溶解，中毒的昆蟲停止攝食而死亡。

2. 防治對象：國內登記之商品主要針對鱗翅目幼蟲具有防治效果，茶樹上鱗翅目害蟲包括茶蠶、捲葉蛾類、刺蛾類、毒蛾類、夜蛾類、避債蛾、木蠹蛾、尺蠖蛾等。

3. 使用注意事項：(1) 效果比化學農藥稍慢、(2) 下午傍晚時使用、(3) 因不具殺卵功能，幼蟲繼續發生時應持續使用、(4) 可添加展著劑使用、(5) 勿待沉澱後使用、(6) 未使用之製劑要保存在陰涼處、(7) 由於蘇力菌不具移行性，需要噴施均勻、(8) 可以和天敵配合使用。

枯草桿菌

1. 抑病機制：植物病害防治機制，至今尚未全盤了解，由於本菌所表現的功能是多重作用機制的結果，包括 (1) 與病原菌競爭營養及空間、(2) 抗生物質的作用、(3) 促進土壤中大分子的分解、(4) 促進植物營養的吸收及促進作物生長與抗病性、(5) 改善土壤性質等，然而需要許多因素相互搭配，才能達到成功的拮抗作用。目前研究中最為明確之作用機制為部分枯草桿菌可產生「iturin A」的二次代謝物，這種化合物會與病原真菌細胞膜的固醇分子作用形成複合物，使得離子傳導孔隙增大，改變細胞膜的滲透性，讓鉀離子迅速流出，進而導致病原真菌菌絲分解並抑制孢子發芽，達到防治病害的效果。

2. 防治對象：茶赤葉枯病。

使用注意事項：

製劑依登記之稀釋倍數調配並且現配現用，需連續使用 4 次以上。

五、物理資材

1. 敷蓋：利用塑膠布或抑制蓆等，除可抑制雜草生長及減少水分散失外，亦可減少土棲性害蟲發生，如蟎蟎等。
2. 黃色黏紙：利用昆蟲對顏色的趨性，可應用於防治茶小綠葉蟬與粉蝨類等害蟲。施掛於樹冠上，當黏紙上黏滿害蟲或失去黏性時即須更換黏紙。
3. 燈光誘捕：利用昆蟲對光的趨性，可利用不同光波段誘引特定茶園害蟲。

六、誘引劑

　　例如性費洛蒙，目前茶樹上已量產商品化種類包括茶捲葉蛾及茶姬捲葉蛾性費洛蒙。係藉由誘殺田間雄蟲，以降低雌蟲成功交尾的機會，抑制害蟲的繁殖，進而減少下一代的族群密度及作物被害率。建議誘蟲盒放置相隔至少 20 公尺，以避免互相干擾。

七、非農藥防治資材使用原則

1. 單獨使用：由於資材有不同的酸鹼值，在不確定其化學特性前，儘量不要與其他物質混用，以避免降低防治效果。如菸草浸液為鹼性，若與酸性物質混合會降低殺蟲效果。
2. 現配現用：大部分自製資材，如植物浸出液、乳化大豆油等成分不穩定，建議配製後僅量當天使用完畢。
3. 施用時需注意田間及氣候狀況：建議烈日、雨天等皆不宜使用。
4. 避免藥害發生：初次使用時可先小面積施用，確定沒有藥害發生，再大面積施用。
5. 掌握病蟲害發生初期進行防治：若等到大面積發生再進行防治，其防治效果必定不佳。

國家圖書館出版品預行編目資料

茶園病蟲草害整合管理(IPM) / 行政院農業委
員會茶業改良場編著. -- 二版. -- 臺北市 :
五南圖書出版股份有限公司, 2021.09
　　面 ； 公分
ISBN 978-986-522-946-7(平裝)
1. 茶葉 2. 植物病蟲害 3. 栽培
434.181/8　　　　　　　　　110011068

5N40

茶園病蟲草害整合管理（IPM）

發 行 人 — 蘇宗振

主　　編 — 林秀橤

審查專家 — 曾信光

編　　審 — 蘇宗振、邱垂豐、吳聲舜、史瓊月、蔡憲宗、楊美珠、
　　　　　　林金池、劉天麟、黃正宗、林儒宏、蕭建興、蘇彥碩

發行單位 — 行政院農業委員會茶業改良場
　　　　　　地址：326 桃園市楊梅區埔心中興路 324 號
　　　　　　電話：(03)4822059
　　　　　　網址：https://www.tres.gov.tw

出版單位 — 五南圖書出版股份有限公司

美術編輯 — 何富珊、徐慧如、劉好音
　　　　　　印刷：五南圖書出版股份有限公司
　　　　　　地址：106 台北市大安區和平東路二段 339 號 4 樓
　　　　　　電話：(02) 2705-5066　　傳真：(02) 2706-6100
　　　　　　網址：https://www.wunan.com.tw
　　　　　　電子郵件：wunan @ wunan.com.tw
　　　　　　劃撥帳號：01068953
　　　　　　戶名：五南圖書出版股份有限公司

法律顧問　林勝安律師

出版日期　2021年8月初版一刷
　　　　　2023年6月二版二刷

定　　價　新臺幣420元